高职高专“十二五”规划教材

Web前端开发基础

谢钟扬　郑志武◎编著

重庆大学出版社

内容提要

本书主要介绍了 Web 前端开发的现状；HTML 相关的基础知识，包括 HTML 的基本标签、表格、表单的设计和制作；CSS 相关的基础知识，包括 CSS 的基本属性、CSS 的选择器、CSS 的定位机制、CSS 的框模型；JavaScript 的基础知识，包括 JavaScript 的基础语法、对象、数组、浏览器对象、HTML 对象；JQuery 的基础知识，包括 JQuery 的概念、JQuery 的选择器、JQuery 对象的主要方法和使用方式。

本书可作为高职高专软件类专业的教材或教学参考书，也可供其他相关专业和技术人员参考。

图书在版编目(CIP)数据

Web 前端开发基础/谢钟扬，郑志武编著.—重庆：重庆大学出版社，2016.6(2021.8 重印)
ISBN 978-7-5624-9810-0

Ⅰ.①W… Ⅱ.①谢… ②郑… Ⅲ.①超文本标记语言—程序设计—高等职业教育—教材②网页制作工具—程序设计—高等职业教育—教材 Ⅳ.①TP312②TP393.092

中国版本图书馆 CIP 数据核字(2016)第 112679 号

Web 前端开发基础
谢钟扬　郑志武　编　著
策划编辑：曾显跃
责任编辑：文　鹏　　版式设计：曾显跃
责任校对：张红梅　　责任印制：张　策
*
重庆大学出版社出版发行
出版人：饶帮华
社址：重庆市沙坪坝区大学城西路 21 号
邮编：401331
电话：(023) 88617190　88617185(中小学)
传真：(023) 88617186　88617166
网址：http://www.cqup.com.cn
邮箱：fxk@cqup.com.cn (营销中心)
全国新华书店经销
POD：重庆新生代彩印技术有限公司
*
开本：787mm×1092mm　1/16　印张：15.75　字数：393 千
2016 年 6 月第 1 版　2021 年 8 月第 3 次印刷
ISBN 978-7-5624-9810-0　定价：45.00 元

前言

随着互联网越来越深地融入到社会生活的方方面面，其所涉及的功能、需求日益复杂，面向的用户群体日益广泛，对Web前端的复杂程度、用户友好性提出了巨大的挑战；另一方面，近年来移动互联网的发展，也让Web前端开发需要兼顾符合移动设备的使用习惯和功能要求。所以，无论是业务上的发展，还是技术上的进步，都对Web前端开发形成了巨大的挑战。Web前端技术面对这个挑战，也通过不断完善自身、发展新的内容来应对挑战，抓住了一个高速发展的机遇。随着HTML5、CSS3标准的更新，JQuery框架的推出以及随之而来的大量技术框架和解决方案的涌现，Web前端技术领域在近年来呈现出井喷式的发展势头。

Web前端开发入门难度并不高，但是初学者如果没有一个很好的学习和编码习惯，则开发水平的提高速度会变得很慢。本书综合了笔者多年来积累的各种Web前端开发经验以及各种高效的Web前端开发实践，详细介绍了Web前端开发所需的核心知识和实用的解决方案，力图用简明扼要的语言、翔实具体的实例，让读者从原理上理解和掌握参与Web前端开发所需的技术。

本书以HTML，CSS，JavaScript和JQuery公开发布的技术标准和文档为基础，结合实际开发和教育教学过程中的实践积累编纂而成。

由于作者水平有限，书中难免会出现一些错误或者不准确的地方，恳请读者批评指正。

编　者

2016年1月

目录

第 1 章
前端开发概述

1.1 前端开发综述

由于 Web 前端技术兴起的时间不长,因此对其还没有明确的界限定义,不同的 Web 项目中可能要求的 Web 前端开发技术会有所不同。某些项目可能需要前端开发人员了解一些后端技术,这样前端开发人员才能更好地与后端开发人员配合,比如在页面上留下一些后端需要调用的钩子等,而某些项目可能需要前端开发懂一些 UI 设计、Photoshop 工具的使用方法等,以便于和 UI 设计师沟通和配合。尽管 Web 前端开发的范畴广泛,并且界限模糊,但是以下 7 个方面则是 Web 前端开发的主要内容。

1.1.1 页面标记(HTML)

由于页面 HTML 代码结构基本固定,HTML 的标签数量也不多,所以从学习的难易程度来说,HTML 应该是前端技术中非常容易上手的技术。即使是一个新手也能在较短的时间里学会并编写出一个结构良好的页面来。虽说入门容易,但是要编写出语义良好、简洁整齐的 HTML代码则需要大量的实践学习才能掌握。HTML 是页面的基本结构组成,是网站的基础,臃肿混乱的 HTML 代码不但会影响其本身的展现,而且与其对应的 CSS 和 JavaScript 代码也会变得难以编写和维护。

1.1.2 页面样式

CSS 是 Cascading Style Sheets(层叠样式表)的简称。在标准页面设计中,CSS 负责网页内容的表现,所以 CSS 也是前端开发需要掌握的核心内容。丰富的 CSS 样式能让平淡的 HTML 展现出绚丽的效果,使得页面更为友好。好的样式可以让用户在页面上停留的时间更久一些,也可以帮助用户更好地阅读网站内容,同时,还可以让用户在不同浏览器上有着相同的体验。CSS 和 HTML 代码一样,没有复杂的逻辑,上手也比较容易。其主要的难点在于如何合理利用 CSS 的组合和继承特性来编写简洁、可维护性好的 CSS 代码。以上这两项基本技能是前端 UI 开发必备技能。

1.1.3 前端编程

前端编程技能主要是指 JavaScript 编程。JavaScript 是一种基于对象和事件驱动的客户端脚本语言,是页面实时动态交互的技术基础。相较于 HTML 和 CSS,编写 JavaScript 代码更能让前端开发人员找到后端程序员的感觉。JavaScript 是非常灵活的脚本语言,包含了高阶函数、动态类型以及灵活的对象模型等强大的语言特性,当然,JavaScript 的灵活性也导致代码不易维护。此外,浏览器的兼容性也增加了 JavaScript 编码的难度。同一个功能,可能在不同的浏览器中有不同的实现。例如,在 IE 浏览器中,事件绑定使用的是 attachEvent( )方法,但其他浏览器使用的是 addEventListener( )方法。开发人员在熟悉 JavaScript 基本语法和基本的编码规范之外,还应该掌握不同浏览器中 JavaScript 的兼容性问题。另外,作为前端开发工程师,必定会涉及后端的编程,一些原因是目前流行的 Web 编程方式会有部分后端代码存在于前端页面中,和前端的 HTML、JavaScript 等混合在一起,比如 PHP、JSP、ASP. net 等,所以前端工程师也有必要了解一些后端编程技术。

1.1.4 跨平台,跨浏览器

前端代码本来是不存在跨平台方面的问题,但是随着移动 Web 平台的兴起,跨平台的问题就逐渐显现出来了。移动设备如智能手机和平板电脑在近几年发展迅猛,用户通过移动设备访问 Web 站点的比率也是逐年增高。如何在众多移动平台、众多屏幕尺寸上展现友好的 Web 站点成为了一项前端技能。不过,目前跨浏览器没有像几年前表现得那么突出了,这要归功于 IE6、IE7 浏览器的占有率快速下降和众多浏览器对标准的重视。另外,目前流行的前端框架已经很好地处理了浏览器的兼容问题。尽管如此,但还是需要熟悉常见的浏览器兼容方法,主要包括 IE7、IE8 的兼容,HTML5 中新特性的兼容等。

1.1.5 前端框架

各种前端框架的出现,很大程度上降低了前端开发的难度。框架统一了编码的方式、封装了浏览器兼容问题并添加大量的扩展功能。如今的 Web 项目中,前端框架应用非常广泛,在开源社区 Github 上排名靠前的开源框架也是以前端框架居多。优秀的前端框架可以在很大程度上减少项目开发的周期,尤其是 JQuery,几乎成为了 Web 项目默认的前端框架。但是前端框架的接口众多,各种框架的使用方式和编码方式也不尽相同。作为前端开发工程师,需要熟悉一些常用框架的使用方法,并且要了解如何编写常用框架的扩展插件,如 JQuery、YUI、ExtJs等。

1.1.6 调试工具

对于前端代码,在调试过程中需要查看页面的 HTML 结构变化、CSS 渲染效果、JavaScript 代码的执行情况及 HTTP 请求和返回的数据,并且还要查看网站各个部分的性能等,甚至需要动态更改 HTML,CSS 代码来查看预期的效果,模拟发起 HTTP 请求来查看后端返回的数据。各主流浏览器都会有对应的浏览器插件来辅助完成这些工作,如 IE 中的 IE Dev Toolbar、Chrome 中的 Developer Tools、Firefox 中的 Firebug 等。此外,还有 HTTP 请求监控和模拟工具,如 Fiddler 等。开发工程师需要熟练使用这些工具来辅助完成前端代码的调试。

1.1.7　沟通能力

软件工程师向来是一个不善于沟通的群体，但是沟通却又是一项必备的基本技能，尤其对于前端开发工程师来说。Web 前端开发介于 UI 和后端逻辑开发之间，所以 Web 前端工程师在开发过程中必定会和 UI 设计师及后端工程师合作：前端工程师需要和 UI 设计师沟通，确定效果是否可以实现以及实现的代价，并对 UI 设计提出建议；还需要和后端工程师沟通，确定前后端交互的接口以及传输的数据实体的结构等。良好的沟通能力会让这些过程变得轻松许多。

1.2　界面布局

刚接触网页设计时，初学者应该了解大多数访问者浏览网站的习惯，因为只有在这样的基础上再加上设计才思，才能创造出既有自己特色又能符合访问者喜好的设计方案。作为网页设计的初学者，最好要了解网页布局的基本概念，只有了解了它的重要性，才能控制一切能控制的东西，制作出精美的网页。网页布局主要有下面几个方面：

1.2.1　页面尺寸

由于页面尺寸和显示器大小、分辨率有关系，网页的局限性就在于设计者无法突破显示器的范围，而且因为浏览器也将占去不少空间，留下的页面范围变得越来越小。一般分辨率在 800×600 的情况下，页面的显示尺寸为 780×428 个像素；分辨率在 640×480 的情况下，页面的显示尺寸为 620×311 个像素；分辨率在 1 024×768 的情况下，页面的显示尺寸为 1 007×600 个像素。从以上数据可以看出，分辨率越高，页面尺寸越大。

浏览器的工具栏也是影响页面尺寸的原因。目前的浏览器的工具栏都可以取消或者增加，那么当全部工具栏显示或关闭时，页面的尺寸是不一样的。

在网页设计过程中，向下拖动页面是唯一能给网页增加更多内容（尺寸）的方法。但除非站点的内容能吸引访问拖动，否则最好不要让访问者拖动页面超过三屏。如果需要在同一页面显示超过三屏的内容，那么最好能做上页面内部链接，方便访问者浏览。

1.2.2　整体造型

什么是造型？造型就是创造出来的物体形象。这里是指页面的整体形象，这种形象应该是一个整体，图形与文本的接合应该是层叠有序的。虽然，显示器和浏览器都是矩形，但对于页面的造型，可以充分运用自然界中的其他形状以及它们的组合：矩形、圆形、三角形、菱形等。

对于不同的形状，它们所代表的意义是不同的。比如矩形代表着正式、规则，很多 ICP 和政府网页都是以矩形为整体造型；圆形代表着柔和、团结、温暖、安全等，许多时尚站点喜欢以圆形为页面整体造型；三角形代表着力量、权威、牢固、侵略等，许多大型的商业站点为显示它的权威性常以三角形为页面整体造型；菱形代表着平衡、协调、公平，一些交友站点常运用菱形作为页面整体造型。虽然不同形状代表着不同意义，但目前的网页制作多数是结合多个图形加以设计,其中某种图形的构图比例可能占得多一些。

1.2.3 页 头

页头又可称为页眉,页眉的作用是定义页面的主题。比如一个站点的名字多数都显示在页眉里。这样,访问者能很快知道这个站点是什么内容。页头是整个页面设计的关键,它将牵涉后面的更多设计和整个页面的协调性。页头常放置站点名字的图片、公司标志以及旗帜广告。

1.2.4 文 本

文本在页面中都以数行或者块(段落)出现,它们的摆放位置决定着整个页面布局的可视性。过去因为页面制作技术的局限,文本放置的灵活性非常小,而随着 DHTML 的兴起,文本已经可以按照自己的要求放置到页面的任何位置。

1.2.5 图 片

图片和文本是网页的两大构成元素,缺一不可。如何处理好图片和文本的位置成了整个页面布局的关键。而设计者的布局思维也将体现在这里。

1.2.6 多媒体

除了文本和图片外,还有声音、动画、视频等其他媒体。虽然它们不是经常能被利用到,但随着动态网页的兴起,它们在网页布局上也将变得越来越重要。

1.2.7 页 脚

页脚和页头相呼应。页头是放置站点主题的地方,而页脚是放置制作者或者公司信息的地方。

当初学者掌握了这些基本的网页布局,就可以依据这些设计一个新的网页,看看是不是与之前的设计有所不同,新设计的网页是不是更加符合浏览者的习惯,也更受浏览者喜爱。

常见的页面布局模型如图 1.1 所示。

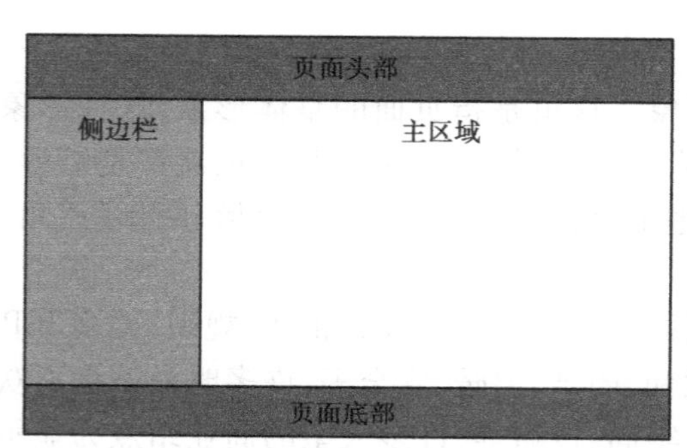

(a)两栏型布局(常见于各种后台系统界面)

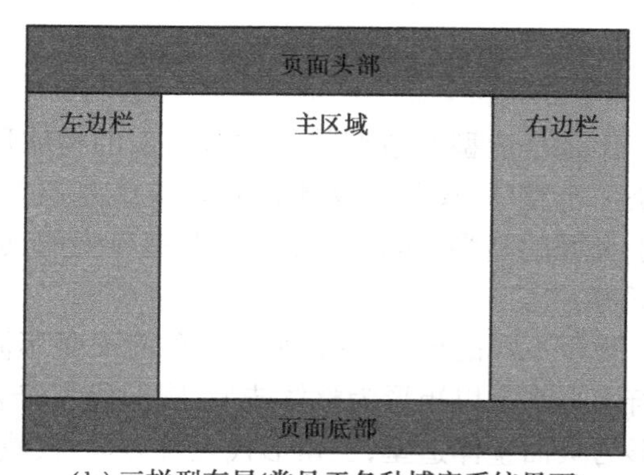

(b)三栏型布局(常见于各种博客系统界面)

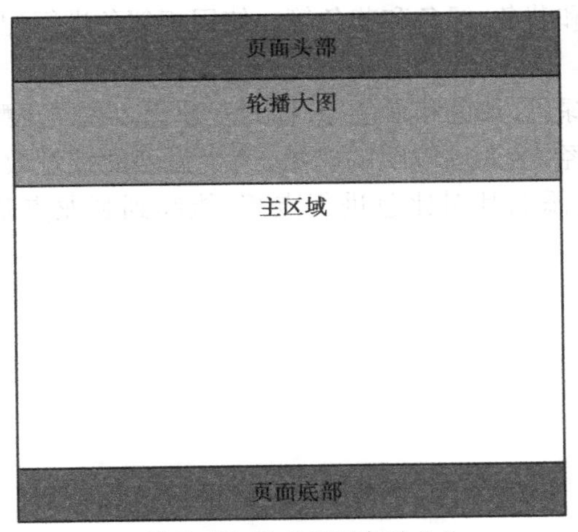

(c)堆叠型布局(常见于各种企业、机构的官网首页)

页面头部
轮播大图
左区域 中区域 右区域
页面底部

(d)复合型布局(常见于各大信息门户网站首页)

图1.1 页面布局

1.3 界面配色

1.3.1 网页界面配色的重要性

色彩在网页设计中是一个重要的表现要素，在无以计数的网页中，要使一个网页明显区别于其他网站的页面，更具有吸引浏览者的魅力，就离不开色彩的设计与运用。成功的网页界面配色方案，能够将页面上的文字、图片以及排版恰到好处地融合在一起，从而使网页界面的作用得到最大的发挥。

1.3.2 网页界面配色的一般原理

(1)色彩三属性

电脑屏幕显示的色彩均是由R、G、B三种色光组成，由于网页色彩是通过电脑显示器屏幕显示的，因此，网页色彩的三原色即红、绿、蓝三色。色相、明度和纯度叫做色彩的三属性，色彩由这三个要素的差异来区分。

色相即色彩的相貌，是色彩最基本的特征，也是色与色彼此互相区分最明显的特征。可见光谱不同波长的辐射在视觉上就表现为不同的色相，即一个特定波长的色光给人特定的色彩感受。

明度是指色彩的亮暗程度。明度按一定的间隔划分，就构成了明暗尺度。有彩色的明暗，以无彩色灰调的相应明度来表示其相应的明度值。

在网页中，纯度主要是指色彩对人的视觉刺激程度，纯度越高，色越纯，越容易给人艳丽鲜亮的感觉；纯度越低，色彩越弱。如果纯度足够低，就变成了没有颜色的无彩色。

(2)网页色彩搭配方法

当根据方案选定一种主打色相后，调整其明度和纯度，将颜色加深或减弱，则可以产生新的色彩。这种色彩的搭配可以使页面颜色统一，增加页面层次感。

色相环中相邻的颜色称为邻近色。如红色和黄色，绿色和蓝色等。使用相邻色进行配色，能使页面产生和谐统一的效果。

在色相环中，对立面的两个颜色，如红色和绿色，黄色和紫色等，称为互补色。在网页配色时，使用互补色进行配色，将会刺激人的色彩神经，给人以鲜明的印象，产生强烈的视觉效果。在进行页面配色时，选用一种主色调进行配色，添加其对比色进行点缀，能起到画龙点睛的功效。

第2章 HTML5

HTML(Hyper Text Markup Language,超文本标记语言)是一种用来制作超文本文档的简单标记语言。它利用各种标记(tags)来标识文档的结构以及标识超链(Hyperlink)的信息。

目前,HTML 语言的版本是5.0,它是基于 SGML(Standard Generalized Markup Language,标准广义置标语言,是一套用来描述数字化文档的结构并管理其内容的复杂的规范)的一个子集演变而来。

HTML5 是一种组织 Web 内容的语言,其目的是通过创建一种标准的和直观的 UI 标记语言来把 Web 设计和开发变得容易起来。HTML5 提供了各种切割和划分页面的手段,它允许设计者创建的切割组件不仅能用来逻辑地组织站点,而且能够赋予网站聚合的能力。HTML5 可谓是"信息到网站设计的映射方法",因为它体现了信息映射的本质,划分信息,并给信息加上标签,使其变得容易使用和理解。这是 HTML5 富于表现力的语义和实用性美学的基础,HTML5 赋予设计者和开发者各种层面的能力来向外发布各式各样的内容,从简单的文本内容到丰富的、交互式的多媒体,无不包括在内。

HTML5 提供了高效的数据管理、绘制、视频和音频工具,促进了 Web 上的和便携式设备的跨浏览器应用的开发。HTML5 是驱动移动云计算服务方面发展的技术之一,因为其允许更大的灵活性,支持开发非常精彩的交互式网站。它还引入了新的标签(tag)和增强性的功能,其中包括了一个优雅的结构、表单的控制、API、多媒体、数据库支持和显著提升的处理速度等。

HTML5 中的新标签都是能高度关联唤起的,标签封装了它们的作用和用法。HTML 过去的版本更多的是使用非描述性的标签,然而,HTML5 拥有高度描述性的、直观的标签,提供了丰富的、能够立刻让人识别出内容的内容标签。例如,被频繁使用的 <div> 标签已经有了两个增补的 <section> 和 <article> 标签。<video>、<audio>、<canvas> 和 <figure> 标签的增加也提供了对特定类型内容的更加精确的描述。

HTML5 提供了:

- 确切描述了其旨在要包含的内容的标签;
- 增强的网络通信;
- 极大改善了的常用存储;
- 运行后台进程的 Web Worker;

- 在本地应用和服务器之间建立持续连接的 WebSocket 接口；
- 更好的存储数据检索方式；
- 加快了的页面保存和加载速度；
- 对使用 CSS3 来管理 GUI 的支持，这意味着 HTML5 可以是面向内容的；
- 改进了的浏览器表单处理；
- 基于 SQL 的数据库 API，其允许客户端的本地存储；
- 画布和视频，可在无须安装第三方插件的情况下添加图形和视频；
- Geolocation API 规范，其通过使用智能手机定位功能来纳入移动云服务和应用；
- 增强型的表单，其降低了下载 JavaScript 代码的这种必要性，允许在移动设备和云服务之间进行更多高效的通信。

HTML5 创建了一种更吸引用户的体验：使用 HTML5 设计的页面能够提供类似于桌面应用的体验。HTML5 还通过把 API 功能和无处不在的浏览器结合起来的方式来增强多平台开发。通过使用 HTML5，开发者能够提供一种顺畅地跨越各个平台的现代应用体验。

2.1 HTML 语言的语法特点

HTML 的标记总是封装在由小于号（<）和大于号（>）构成的一对尖括号之中。

（1）**单标记**

单标记只需单独使用就能完整地表达意思，这类标记的语法是：

<标记>

最常用的单标记是
，它是 HTML 语言里的回车换行标记。

（2）**双标记**

双标记由“始标记”和“尾标记”两部分构成，必须成对使用。其中，始标记告诉 Web 浏览器从此处开始执行该标记所表示的功能，而尾标记告诉 Web 浏览器在这里结束该功能。始标记前加一个斜杠（/）即成为尾标记。这类标记的语法是：

<标记>内容</标记>

其中，“内容”部分就是要被这对标记施加作用的部分。例如，如果想突出对某段文字的显示，就将此段文字放在一对 <EM> </EM> 标记中：

```
<EM>text to emphasize</EM>
```

可见，双标记能够对包含在其中的文本等对象的颜色、字体等各种属性进行设置。双标记也是 HTML 语言中应用最广泛的标记，是 HTML 语言的一大特点。

（3）**标记属性**

许多单标记和双标记的始标记内可以包含一些属性，其语法是：

<标记　属性 1　属性 2　属性 3　…>

各属性之间无先后次序，属性也可省略（即取默认值），例如单标记 <HR> 表示在文档当前位置画一条水平线（horizontal line），一般是从窗口中当前行的最左端一直画到最右端。此标记可以带有一些属性：

```
<HR SIZE=3 ALIGN=LEFT WIDTH="75%">
```

其中,SIZE 属性定义线的粗细,属性值取整数,缺省为 1;ALIGN 属性表示对齐方式,可取 LEFT(左对齐,缺省值),CENTER(居中),RIGHT(右对齐);WIDTH 属性定义线的长度,可取相对值(由一对" "号括起来的百分数,表示相对于充满整个窗口的百分比),也可取绝对值(用整数表示的屏幕像素点的个数,如 WIDTH=300),缺省值是 100%。

注意:双标记必须成对使用。

除一些个别标记外,HTML 都可以嵌套使用,如:

```
<p><font color=red>RED</font><font color=blue>BLUE</font></p>
```

除少数几个转义序列之外,HTML 标记不区分大小写,即 <title> 等价于 <TITLE>。

并非所有的 World Wide Web 浏览器都支持所有的标记,如果一个浏览器不支持某个标记,它通常会将其忽略。

2.2　HTML DOM

DOM 是"Document Object Model"(文档对象模型)的首字母缩写。如果没有 Document(文档),DOM 也就无从谈起。当创建了一个网页并把它加载到 Web 浏览器中时,DOM 就在幕后悄然而生。它将根据设计者编写的网页文档创建一个文档对象。

DOM 把一份文档表示为一棵树(这里所说的"树"是数学意义上的概念),这是我们理解和运用这一模型的关键。更具体地说,DOM 把文档表示为一棵家谱树。

家谱树本身又是一种模型。家谱树的典型用法是表示一个人类家族的谱系并使用 parent(父)、child(子)、sibling(兄弟)等记号来表明家族成员之间的关系。家谱树可以把一些相当复杂的关系简明地表示出来:一位特定的家族成员既是某些成员的父辈,又是另一位成员的子辈,同时还是另一位成员的兄弟。

类似于人类家族谱系的情况,家谱树模型也非常适合用来表示一份用(X)HTML 语言编写出来的文档。

请看如图 2.1 所示的网页,它的内容是一份购物清单。

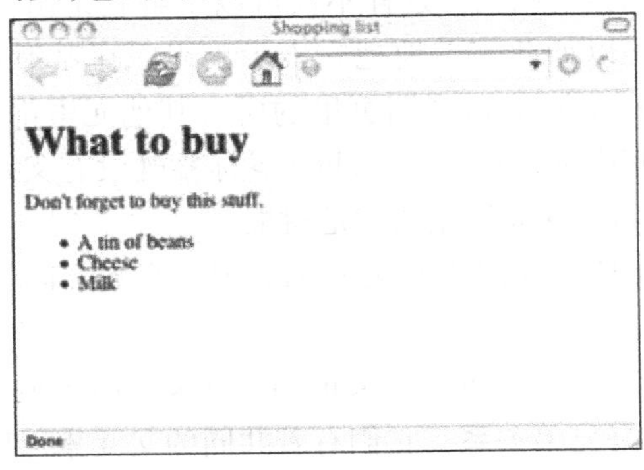

图 2.1　一份购物清单

```
<!doctype html>
<html lang="en">
    <head>
        <meta charset="utf-8"/>
    </head>
    <body>
        <h1>What to buy</h1>
        <p title="a gentle reminder">Don't forget to buy this stuff.</p>
        <ul id="purchases">
            <li>A tin of beans</li>
            <li>Cheese</li>
            <li>Milk</li>
        </ul>
    </body>
</html>
```

这份文档可以用图 2.2 中的模型来表示。

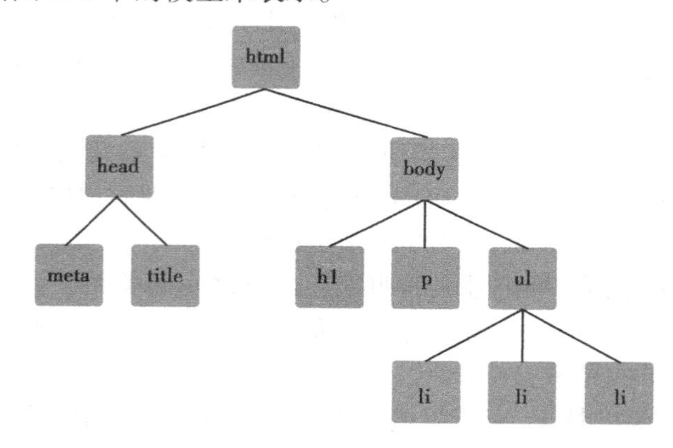

图 2.2　把网页中的元素表示为一棵家谱树

下面来分析一下这个网页的结构。这样不仅可以了解它是由哪些元素构成的,还可以了解为什么图 3.1 中的模型可以如此完美地把它表示出来。在对 Doctype 做出声明后,这份文档首先打开了一个 <html> 标签,而这个网页里的所有其他元素都包含在这个元素里。因为所有其他的元素都包含在其内部,所以这个 <html> 标签既没有父辈,也没有兄弟。如果这是一棵真正的树的话,这个 <html> 标签显然就是树根。

这正是图 2.2 中的家谱树以 html 为根元素的原因。毫无疑问,html 元素完全可以代表整个文档。

如果在这份文档里更深入一层,可发现 <head> 和 <body> 两个分支。它们存在于同一层次且互不包含,所以它们是兄弟关系。它们有着共同的父元素 <html>,但又各有各的子元素,所以它们本身又是其他一些元素的父元素。

<head> 元素有两个子元素:<meta> 和 <title>(这两个元素是兄弟关系)。<body> 元

素有三个子元素：<h1>、<p>和<ul>(这三个元素是兄弟关系)。如果继续深入下去，会发现<ul>也是一个父元素。它有三个子元素，它们都是<li>元素。

利用这种简单的家谱关系记号，可以把各元素之间的关系简明清晰地表达出来。

例如，<h1>和<ul>之间是什么关系？它们是兄弟关系。

那么<body>和<ul>之间又是什么关系？<body>是<ul>的父元素，<ul>是<body>的一个子元素。

如果把各种文档元素想象成一棵家谱树上的各个节点的话，就可以用同样的记号来描述DOM。不过，与使用“家谱树”这个术语相比，把一份文档称为一棵“节点树”更准确。

节点(node)这个名词来自网络理论，它代表着网络中的一个连接点。网络是由节点构成的集合。

文档是由节点构成的集合，此时的节点是文档树上的树枝和树叶而已。在 DOM 里存在着许多不同类型的节点，有些 DOM 节点类型还包含着其他类型的节点。

(1)**元素节点**

DOM 的原子是元素节点(element node)。

在描述刚才那份“购物清单”文档时，使用了诸如<body>、<p>和<ul>之类的元素。如果把 Web 上的文档比作一座大厦，元素就是建造这座大厦的砖块，这些元素在文档中的布局形成了文档的结构。

各种标签提供了元素的名字。文本段落元素的名字是“p”，无序清单元素的名字是“ul”，列表项元素的名字是“li”。

元素可以包含其他的元素。在“购物清单”文档里，所有的列表项元素都包含在一个无序清单元素的内部。事实上，没有被包含在其他元素里的唯一元素是<html>元素。它是节点树的根元素。

(2)**文本节点**

元素只是不同节点类型中的一种。如果一份文档完全由一些空白元素构成，它将有一个结构，但这份文档本身将不会包含什么内容。在网上，内容决定着一切，没有内容的文档是没有任何价值的，而绝大多数内容都是由文本提供的。

在“购物清单”例子里，<p>元素包含着文本“Don't forget to buy this stuff.”。它是一个文本节点(text node)。

在 XHTML 文档里，文本节点总是被包含在元素节点的内部。但并非所有的元素节点都包含有文本节点。在“购物清单”文档里，<ul>元素没有直接包含任何文本节点——它包含着其他的元素节点(一些<li>元素)，后者包含着文本节点。

(3)**属性节点**

还存在着其他一些节点类型。例如，注释就是另外一种节点类型。

元素都或多或少地有一些属性，属性的作用是对元素作出更具体的描述。例如，几乎所有的元素都有一个 title 属性，可以利用这个属性对包含在元素里的东西作出准确的描述：

```
<p title="a gentle reminder">Don't forget to buy this stuff.</p>
```

在 DOM 中，title="a gentle reminder"是一个属性节点(attribute node)，如图 2.3 所示。因

为属性总是被放在起始标签里，所以属性节点总是被包含在元素节点当中。

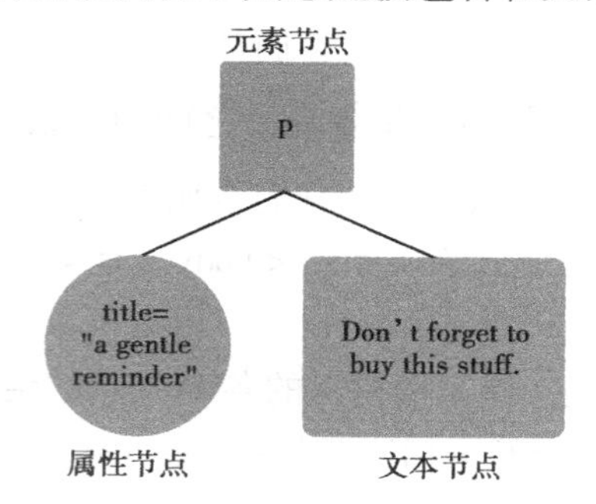

图 2.3　一个元素节点（它包含着一个属性节点和一个文本节点）

并非所有的元素都包含着属性，但所有的属性都会被包含在元素里。

2.3　基本标签

先介绍一下 HTML 文档的基本结构，通常由三对标记来构成一个 HTML 的骨架，它们是 <html> </html>、<head> </head>和<body> </body>，它们组成了整个 HTML 文档的布局框架，如下所示：

```
<html>
<head>
头部信息
</head>
<body>
文档主体，正文部分。
</body>
</html>
```

其中，<head>与</head>之间的头部信息通常含有<title> </title>标记，用来确定 HTML 文件的标题，即显示在浏览器左上角标题栏处的文字。

2.3.1　HTML5 网页结构

有四对标记是 HTML 语言中的基本标记，下面逐一详细介绍：

（1）<html> </html>

<html>标记放在 HTML 文档的最前边，用来标识 HTML 文档的开始。而</html>标记恰恰相反，它放在 HTML 文档的最后边，用来标识 HTML 文档的结束。所有其他 HTML 标记和文档内容都包含在这对标记之间。

该标记指明这个文件中包含 HTML 编码信息。文件扩展名.html 也指明该文件是一个 HTML 文档（如果受操作系统 8.3 式文件名的限制，也可以用.htm 作扩展名）。

(2) <head> </head>

<head>和</head>构成HTML文档的开头部分，此标记对之间包含的是HTML文档的头信息，如标题、说明内容等，其中可包括<title> </title>、<script> </script>等标记对，<head> </head>之间的内容不会在浏览器中显示出来。

(3) <body> </body>

<body> </body>之间的内容是HTML文档的主体部分，在此标记对之间可包含<p>、</p>、<h1>、</h1>、
、<hr>等众多的标记，它们所定义的文本、图像等将会在浏览器的框内显示出来。<body>标记中还可以有很多属性，见表2.1。

表2.1 <body>标记中的常用属性

属　性	用　途	示　例
<body bgcolor="#rrggbb">	设置背景颜色	<body bgcolor="red">红色背景
<body text="#rrggbb">	设置文本颜色	<body text="#0000ff">蓝色文本
<body link="#rrggbb">	设置链接颜色	<body link="blue">链接为蓝色
<body vlink="#rrggbb">	设置已使用的链接的颜色	<body vlink="#ff0000">
<body alink="#rrggbb">	设置正在被击中的链接的颜色	<body alink="yellow">

以上各个属性可以结合使用，如<body bgcolor="red" text="#0000ff">。引号内的rrggbb是用6个十六进制数表示的RGB(即红、绿、蓝三色的组合)颜色，如#ff0000对应的是红色。此外，还可以使用HTML语言所给定的常量名来表示颜色：Black、White、Green、Maroon、Olive、Navy、Purple、Gray、Yellow、Lime、Agua、Fuchsia、Silver、Red、Blue和Teal，如<body text="Blue">表示<body> </body>标记对中的文本使用蓝色显示在浏览器的框内。

(4) <title> </title>

<title> </title>之间的内容是HTML文档的标题。标题的显示位置不是浏览器的文本区，而是在Web浏览器窗口最左上方的蓝色标题栏里。标题同时也用于热点列表hotlist或书签列表bookmark list中的显示，因此标题的选择应当是描述性的、独特的和相对简洁的。

注意：<title> </title>标记对只能放在<head> </head>标记对之间。

下面是一个综合示例，仔细阅读，有助于了解以上各个标记对在一个HTML文档中的布局或所使用的位置。

```
<html>
<head>
<title>HTML页面标题</title>
</head>
<body bgcolor="blue" text="white">
蓝色背景、白色文本
</body>
</html>
```

页面的显示效果如图 2.4 所示。

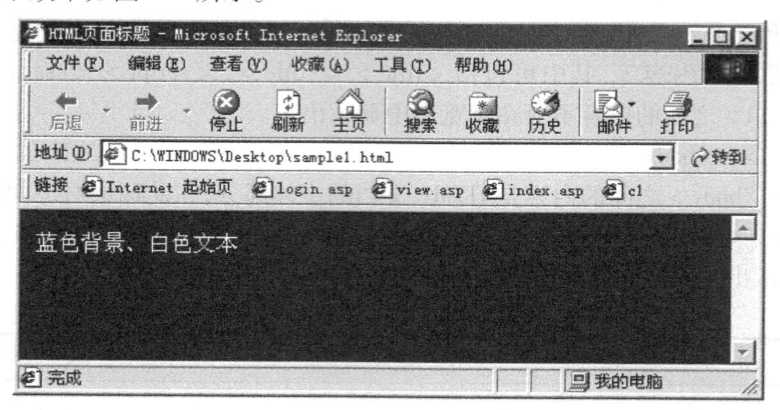

图 2.4 页面显示效果

(5)**注释**

为了提高程序的可读性,使代码更易被人理解,可以将注释插入 HTML 代码中。浏览器在运行时会忽略注释,不会显示注释的内容:

注释的写法如下所示:

```
<! -- This is a comment -- >
```

其中,开始括号之后(左边的括号)需要紧跟一个叹号,结束括号之前(右边的括号)不需要。下面的代码表明了 HTML 注释的用法。

```
<html>
    <body>
        <! --这是一段注释。注释不会在浏览器中显示。 -- >
        <p>这是一段普通的段落。</p>
    </body>
</html>
```

上述的 HTML 代码在浏览器中运行时,将显示如下内容:

```
这是一段普通的段落。
```

2.3.2 HTML5 页面规划

网页的主体内容应该存在于 body 中,HTML5 提供了一系列用于页面规划的标签,见表 2.2。

表 2.2 用于页面规划的标签

标 签	定义和用法
<header>	定义文档的页眉(介绍信息)。
<nav>	定义导航链接的部分。
<article>	规定独立的自包含内容。

续表

标　签	定义和用法
< section >	定义文档中的节(section、区段)。比如章节、页眉、页脚或文档中的其他部分。
< aside >	定义其所处内容之外的内容。aside 的内容应该与附近的内容相关。
< footer >	< footer >标签定义文档或节的页脚。 < footer >元素应当含有其包含元素的信息。 页脚通常包含文档的作者、版权信息、使用条款链接、联系信息等。
< menu >	< menu >标签定义命令的列表或菜单。 < menu >标签用于上下文菜单、工具栏以及用于列出表单控件和命令。 注意:目前大多数浏览器不太支持 menu。
< figure >	< figure >标签规定独立的流内容(图像、图表、照片、代码等)。 figure 元素的内容应该与主内容相关,但如果被删除,则不应对文档流产生影响。
< figcaption >	< figcaption >标签定义 figure 元素的标题(caption)。 "figcaption"元素应该被置"figure"元素的第一个或最后一个子元素的位置。

注:Internet Explorer 8 以及更早的版本不支持上述标签,Internet Explorer 9 + , Firefox, Opera, Chrome 以及 Safari 支持上述大多数标签。

下面创建一个简单的 Web 页面来介绍 HTML5 中引入的上述新标签。

如图 2.5 所示的页面中,包含了一个 Header 区,一个 Navigation 区,一个包含了三个 Section 区和一个 Aside 区的 Article 区,以及一个 Footer 区。该页面的设计目标是在 Google 的 Chrome 浏览器中工作,其消除了一些视觉上的混乱,这些混乱带来的是浏览器兼容问题,同时也妨碍了对基础结构的理解。

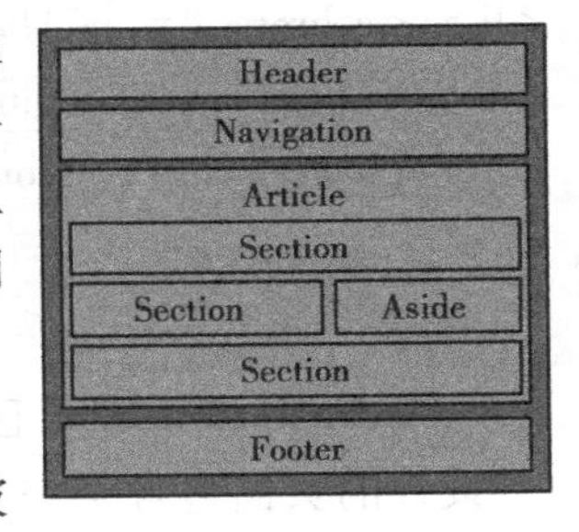

图 2.5　网页的规划

(1)Header 区

Header 区的例子包含了页面标题和副标题,< header >标签被用来创建页面的 Header 区的内容。除了网页本身之外,< header >标签还可以包含关于< section >和< article >的公开信息。

这里创建的网页有该页面的一个 Header 区,以及一个位于 Article 和 Section 区内部的 Header 区。清单 1 提供了一个< header >标签标记的例子。

清单 1. <header>标签的例子

```
<header>
<h1>标题文字</h1>
<p>文本或是图像可放在这里</p>
<p>Logo 通常也放在这个地方</p>
</header>
```

< header >标签还可以包含一个< hgroup >标签,如清单 2 所示。< hgroup >标签把标题分组放在一起,使用< h1 >到< h6 >这些标题分级在此处显示主标题和子标题。

清单 2. <hgroup>标签的例子

```
<header>
<hgroup>
<h1>主标题</h1>
<h2>子标题</h2>
</hgroup>
<p>文本或是图像可放在这里</p>
</header>
```

(2) Navigation 区

可以使用<nav>标签来创建页面的 Navigation 区。

<nav>元素定义了一个专门用于导航的区域。<nav>标签应该用作主站点的导航，而不是用来放置被包含在页面的其他区域中的链接。Navigation 区可以包含诸如清单 3 所示的代码。

清单 3. <nav>标签的例子

```
<nav>
<ul>
<li><a href="#">Home</a></li>
<li><a href="#">About Us</a></li>
<li><a href="#">Our Products</a></li>
<li><a href="#">Contact Us</a></li>
</ul>
</nav>
```

(3) Article 和 Section 区

设计的页面包含了一个 Article 区，该区域存放了页面的实际内容。使用<article>标签来创建这一区域，该标签定义的内容可独立于页面中的其他内容使用。<article>标签标识了可被删除、可被放置在另一上下文中，并且是可被完全理解的内容。

本实例中规划的 Article 区包含了三个 Section 区，可使用<section>标签来创建这几个区域。<section>包含了 Web 内容的相关组件区域，<section>标签以及<article>标签可以包含页眉、页脚，或是其他需要用来完成该部分内容的组件。<section>标签用于分组的内容，<section>标签和<article>标签通常以一个<header>为开始并以一个<footer>标签结束，标签的内容则放在这两者之间。

<section>标签也可以包含<article>标签，就像<article>标签可以包含<section>标签一样。<section>标签应该用来对相类似的信息进行分组，而<article>标签则应该是用来放置诸如一篇文章或是博客一类的信息，这些内容可在不影响内容含义的情况下被删除或是被放置到新的上下文中。<article>标签，正如它的名称所暗示的那样，提供了一个完整的信息包。相比之下，<section>标签包含的是有关联的信息，但这些信息自身不能被放置到不同的上下文中，因为这样的话，其所代表的含义就会丢失。

<article>和<section>标签的用法例子请参见清单 4。

清单 4. <article>标签和<section>标签的例子

```
<article>
<section>
Content
</section>
<section>
Content
</section>
</article>
<section>
<article>
Content
</article>
<article>
Content
</article>
</section>
```

(4)图像元素

<section>和<article>标签,以及<header>和<footer>标签都可以包含<figure>标签,可使用该标签来加入图像、图表和照片。

<figure>标签可以包含<figcaption>,该标签相应地包含了包含在<figure>标签中的图形的标题,它允许用户输入描述,把图形和内容更加紧密地关联起来。清单 5 提供了一个<figure>和<figcaption>标签结构的例子。

清单 5. <figure>和<figcaption>标签的例子

```
<figure>
<img src="/figure.jpg" width="304" height="228" alt="Picture" />
<figcaption>Caption for the figure</figcaption>
</figure>
```

(5)Aside 区

本实例规划中的 Aside 区可通过使用<aside>标签来创建。这一标签被看做是用来存放补充内容的地方,这些内容不是其所补充的一篇连续文章的组成部分。在杂志上,插入语(aside)通常被用来突出文章本身所制造的一个观点。<aside>标签包含的内容可被删除,而这不会影响到包含了该内容的文章、章节或是页面所要传达的信息。清单 6 提供了<aside>标签用法的一个例子。

清单 6. <aside>标签的例子

```
<p>My family and I visited Euro Disney last year. </p>
<aside>
<h4>Disney in France</h4>
```

```
<p>Besides Euro Disney, there is a Disneyland in California. </p>
</aside>
```

(6) Footer 区

<footer>元素包含了与页面、文章或是部分内容有关的信息，比如说文章的作者或日期。作为页面的页脚，其有可能包含了版权或是其他重要的法律信息，如清单 7 所示。

清单 7. <footer>标签的例子

```
<footer>
<p>Copyright 2011 Acme United. All rights reserved. </p>
</footer>
```

(7) 构建页面

根据上面介绍的 HTML5 页面的基本标签，构建如图 2.6 所示的页面效果。

图 2.6　Acme United 的网页

首先要处理的是<!doctype>。在 HTML5 中，文档声明已经被简化为<!doctype>。<html>标签包含了所有除了<!doctype>标签之外的其他 HTML 元素，其他的每一个元素都必须嵌套在<html>和</html>标签之间，参见清单 8。

清单 8. <!doctype>标签的例子

```
<!doctype html>
<html lang="en">
```

在指出了 html 语言为英语之后，就可以使用<head>元素，该元素可以包含脚本、浏览器支持信息、样式表链接、meta 信息和其他的初始化函数。可以在 head 这一区域中使用这些标签：

```
<base>
<link>
<meta>
<script>
<style>
<title>
```

<title>标签存放文档的实际标题,这是一个必需的<head>区元素,它的内容就是用户在浏览该页面时在浏览器的顶端看到的标题。清单9中的<link>标签标识了会被用来渲染HTML5页面的CSS3样式表,样式表的文件名为main-stylesheet.css。关于样式的具体知识将在第3章中进行讲解。

清单9. <head>标签的例子

```
<head>
<title>HTML5 Fundamentals Example</title>
<link rel="stylesheet" href="main-stylesheet.css" />
</head>
```

接下来用到<body>标签,后面跟着<header>和<hgroup>标签,这在前面已经介绍过。本例中的<h1>区域包含了虚构公司的名称:Acme United,<h2>区域包含了让用户知晓副标题是“A Simple HTML5 Example”的信息,清单10显示了这一标记。

清单10. <body>标签和<header>标签的例子

```
<body>
<header>
<hgroup>
<h1>Acme United</h1>
<h2>A Simple HTML5 Example</h2>
</hgroup>
</header>
```

到目前为止,被用来设置页面的CSS3如清单11所示。首先建立页面的字体,然后量身定做页面的主体,明确主体的维度,然后设计header段结构的第一级和第二级标题标签。

清单11. CSS3例子1

```
* {
font-family: Lucida Sans, Arial, Helvetica, sans-serif;
}
body {
width: 800px;
margin: 0em auto;
}
```

```
header h1 {
font-size: 50px;
margin: 0px;
color: #006;
}
header h2 {
font-size: 15px;
margin: 0px;
color: #99f;
font-style: italic;
}
```

清单 12 展示了 <nav> 标签,其目的是处理主站点的导航。

清单 12. <nav> 例子

```
<nav>
<ul>
<li><a href="#">Home</a></li>
<li><a href="#">About Us</a></li>
<li><a href="#">Contact Us</a></li>
</ul>
</nav>
```

HTML5 还有一个 <menu> 标签 —— 一个给一些设计者和开发者带来混乱的标签。这一混乱源于导航条,它通常被称为“导航菜单”。<menu> 标签在 HTML 的 4.01 版本中被弃用,但在 HTML5 中又复用,目的是用来增强交互性。它不应该用来作主导航,唯一应该用来作主导航的标签是 <nav> 标签。

导航的格式化问题由 CSS3 来处理。清单 13 给出的每个 <nav> 标签的定义都代表了 <nav> 标签内的 <ul> 和 <li> 元素的一个特定状态。

清单 13. CSS3 例子 2

```
nav ul {
list-style: none;
padding: 0px;
display: block;
clear: right;
background-color: #99f;
padding-left: 4px;
height: 24px;
}
nav ul li {
```

```
display: inline;
padding: 0px 20px 5px 10px;
height: 24px;
border-right: 1px solid #ccc;
}
nav ul li a {
color: #006;
text-decoration: none;
font-size: 13px;
font-weight: bold;
}
nav ul li a:hover {
color: #fff;
}
```

接下来是 Article 区，这一区域由 <article> 标签来定义，其中包括了其自己的 <header> 信息。包含在 <article> 中的 <section> 也包含了一个自己的 <header> 标签，参见清单 14。

清单 14. <article> 和 <section> 的例子

```
<article>
<header>
<h1>
<a href="#" title="Link to this post" rel="bookmark">Article Heading</a>
</h1>
</header>
<p>Primum non nocere ad vitam Paramus...</p>
<section>
<header>
< h1>This is the first section heading</h1>
</header>
<p>Scientia potentia est qua nocent docentp...</p>
</section>
```

清单 15 表示了渲染这一格式的 CSS3 标记，可以注意到，段落、header 和 section 区的定义都定义在包含了它们的 <article> 标签上。这里定义的 <h1> 标签和页面级别定义的 <h1> 标签有着不同的格式。

清单 15. CSS3 例子 3

```
article > header h1 {
font-size: 40px;
float: left;
```

```
margin-left: 14px;
}
article > header h1 a {
color: #000090;
text-decoration: none;
}
article > section header h1 {
font-size: 20px;
margin-left: 25px;
}
article p {
clear: both;
margin-top: 0px;
margin-left: 50px;
}
```

<article>中包含的第二个<section>标签包含了与第一个<section>相同的基本信息，但这一次要用到一个<aside>、一个<figure>、一个<menu>和一个<mark>标签，参见清单 16。

这里使用<aside>标签来表示的信息并非是围绕着它的那些连续内容的组成部分。<figure>标签包含了一个 Stonehenge 的图片。<section>标签还包含了一个<menu>标签，该标签被用来创建四个按钮。当某个按钮被点击时，其提供相应的信息。<mark>标签被用在<p>标签中，以此来突出显示 veni、vidi 和 vici 等词。

清单 16. <article>和<section>的例子

```
<section>
<header>
<h1>Second section with mark, aside, menu & figure</h1>
</header>
<p class="next-to-aside">...<mark>veni, vidi, vici</mark>. Mater...</p>
<aside>
<p>This is an aside that has multiple lines...</p>
</aside>
<menu label="File">
<button type="button">Clio</button>
<button type="button">Thalia</button>
<button type="button" style="color:#0021b0;background-color:#e2f0fe;">
Urania
</button>
<button type="button" style="color:#0021b0;background-color:#e2f0fe;">
Calliope
```

```
</button>
</menu>
<figure>
<img src="stonehenge.jpg" alt="Stonehenge" width="200" height="131" />
<figcaption>Figure 1. Stonehenge</figcaption>
</figure>
</section>
```

这一部分的 CSS3 包括了一个新的<p>标签的定义,该标签有着比为页面所设宽度更小的宽度。这种改动允许 aside 浮在右边而又不会遮盖到文字。清单 17 显示了这一标记。

清单 17. CSS3 例子 4

```
article p.next-to-aside {
width: 500px;
}
article > section figure {
margin-left: 180px;
margin-bottom: 30px;
}
article > section > menu {
margin-left: 120px;
}
aside p {
position:relative;
left: 0px;
top: -100px;
z-index: 1;
width: 200px;
float: right;
font-style: italic;
color: #99f;
}
```

页面的页脚和结束部分如清单 18 所示。

清单 18. <footer>标签的例子

```
<footer>
<p>Copyright: 2011 Acme United. All rights reserved. </p>
</footer>
</body>
</html>
```

页脚的 CSS3 如清单 19 所示。

清单 19. CSS3 例子 5

```
footer p {
text-align: center;
font-size: 12px;
color: #888;
margin-top: 24px;
}
```

HTML5 不仅是 HTML4 的一个升级，它还是一种新的数字化通信方式。借助于 CSS3 和 JavaScript 的功能，HTML5 接近于在一个伪包中为开发者提供了全部的一切。在后续的过程中，本书会继续对 CSS3 以及 JavaScript 的知识进行介绍。

2.3.3 HTML5 基本标签

(1)格式标签

格式标签能够对文本在浏览器窗口中的显示格式进行控制，可以让 HTML 页面中的文本按照设计者希望的方式排列和布局。下面介绍的是最常用到的几个格式标签和它们的常用属性，见表 2.3。

表 2.3 几个常用的格式标签及属性

标　签	标签说明
<p> </p>	创建一个段落
<p align = "" >	将段落按左、中、右对齐
 	插入一个回车换行符
<blockquote> </blockquote>	从两边缩进文本
<div align = "" > </div>	用来排版大块 HTML 段落，也用于格式化表
<pre> </pre>	预先格式化文本

1)HTML 段落

由<p>标签所标识的文字，代表同一个段落的文字。不同段落间的间距等于连续加了两个换行符，也就是要隔一行空白行，用以区别文字的不同段落。它可以单独使用，也可以成对使用。单独使用时，下一个<p>的开始就意味着上一个<p>的结束。良好的习惯是成对使用。

p 标签格式：

```
<p ALIGN = 参数>
```

其中，ALIGN 是<p>标签的属性，它有三个参数：left，center，right。这三个参数设置段落文字的左、中、右位置的对齐方式。具体实例如下所示：

```
<p>This is a paragraph</p>
<p>This is another paragraph</p>
```

注意:浏览器会自动地在段落的前后添加空行。(<p>是块级元素)

提示:使用空的段落标记 <p></p>去插入一个空行是个坏习惯。可用
标签代替它。

段落标签是成对的标签,即需要有</p>封闭标签。但是即使忘了使用结束标签,大多数浏览器也会正确地将 HTML 显示出来,代码如下所示:

```
<p>This is a paragraph
<p>This is another paragraph
```

上面的例子在大多数浏览器中都没问题,但不要依赖这种做法。忘记使用结束标签会产生意想不到的结果和错误。通过结束标签来关闭 HTML 是一种经得起未来考验的 HTML 编写方法。清楚地标记某个元素在何处开始并在何处结束,不论对设计者还是对浏览器来说,都会使代码更容易理解。在未来的 HTML 版本中,不允许省略结束标签。

2)HTML 换行

换行标签是个单标签,也叫空标签,不包含任何内容。在 HTML 文件中的任何位置只要使用了
标签,当文件显示在浏览器中时,该标签之后的内容将显示下一行。

如果用户希望在不产生一个新段落的情况下进行换行(新行),请使用
标签。
元素是一个空的 HTML 元素。由于关闭标签没有任何意义,因此它没有结束标签。其基本语法如下所示:

```
<p>This is <br />
    a para <br />
    graph with line breaks
</p>
```

3)原样显示文字标签<pre>

要保留原始文字排版的格式,就可以通过<pre>标签来实现,方法是把制作好的文字排版内容前后分别加上始标签<pre>和尾标签</pre>。实例代码如下所示:

```
<HTML>
    <HEAD><TITLE>原样显示文字标签</TITLE></HEAD>
    <BODY>
        <PRE>
            白日依山尽,黄河入海流。
            欲穷千里目,更上一层楼。
        </PRE>
    </BODY>
</HTML>
```

①<div></div>标志对。

<div></div>标志对用于排版大块 HTML 段落,也用于格式化表。此标志对的用法与<p></p>标志对非常相似,同样有 align 对齐方式属性。

②<pre></pre>标志对。

<pre></pre>标记用于显示预格式化文本(Preformatted Text)。在这对标记之间的文

本,与其他 HTML 文本的格式编辑方式不同,大多数浏览器在显示这样的文本时都保持其中空格的数目和位置不变,而不是像对于其他 HTML 文本那样忽略重复的空格,而且浏览器也不会对其中的文本进行自动换行,因此过长的文本会溢出浏览器窗口的右边缘。

请看下面的示例,注意 <pre> </pre> 之间的预格式化文本和普通的文本在浏览器中显示效果的区别:

```
<html>
    <head>
        <title>预格式化文本演示</title>
    </head>
    <body bgcolor=#FFFFFF>
        <br>
        <pre>
        这是一段预格式化文本
        括号中有三个空格(   )
        </pre>
        <br>
        这不是预格式化文本
        括号中有三个空格(   )
    </body>
</html>
```

显示效果如图 2.7 所示。

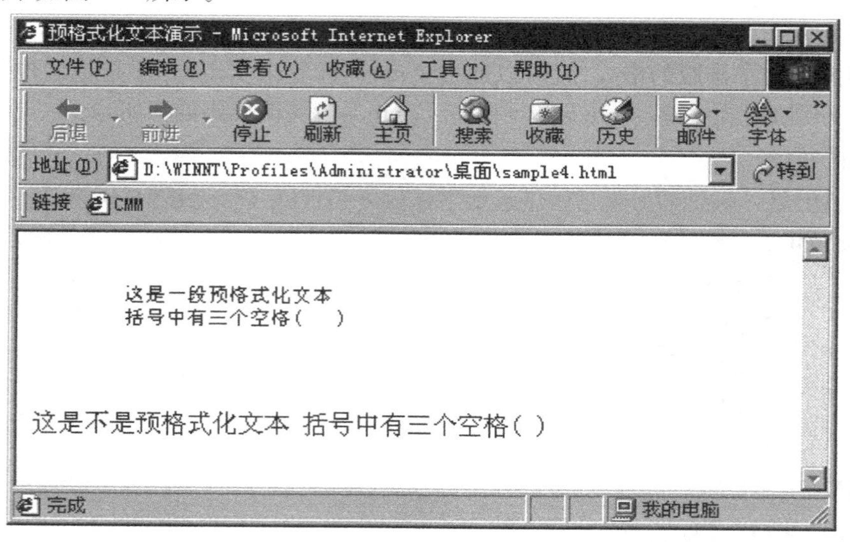

图 2.7　页面显示效果

(2)**文本标签**

文本标记能够对文本在浏览器窗口中的显示属性进行控制,这些属性包括文字的大小、颜色、字体等。下面介绍最常用到的几个文本标记和它们的常用属性,见表 2.4。

表 2.4 几个常用的文本标记及其属性

标 签	标签说明
<h1> </h1>	最大的标题
<h6> </h6>	最小的标题
<b> </b>	黑体字
<i> </i>	斜体字
<tt> </tt>	打字机风格的字体
<cite> </cite>	引用，通常是斜体
<em> </em>	强调文本（通常是斜体加黑体）
<strong> </strong>	加重文本（通常是斜体加黑体）
<font size = "" > </font>	设置字体大小，1 ~ 7
<font color = "" > </font>	设置字体的颜色，使用名字或 RGB 的十六进制值

1）<h1> </h1>…<h6> </h6>标记对

HTML 语言提供了一系列对文本中的标题进行操作的标记对：<h1> </h1>…<h6> </h6>，一共有 6 对标题的标记对。<h1> </h1>是最大的标题，<h6> </h6>是最小的标题，即标志中 h 后面的数字越大，标题文本就越小。如果在 HTML 文档中需要输出标题文本的话，便可以使用这 6 对标题标记对中的任何一对。

2）<b> </b>、<i> </i>和<u> </u>标记对

- <b> </b>用来使文本以黑体字的形式输出；
- <i> </i>用来使文本以斜体字的形式输出；
- <u> </u>用来使文本以加下划线的形式输出。

3）<tt> </tt>、<cite> </cite>、<em> </em>和<strong> </strong>标记对

这些标记对的用法和上边的一样，差别只是在于输出的文本字体不太一样而已：

- <tt> </tt>用来输出打字机风格字体的文本；
- <cite> </cite>用来输出引用方式的字体，通常是斜体；
- <em> </em>用来输出需要强调的文本（通常是斜体加黑体）；
- <strong> </strong>则用来输出加重文本（通常也是斜体加黑体）。

4）<font> </font>标记对

<font> </font>是一对很有用的标记对，它可以对输出文本的字体大小、颜色进行改变，这些改变主要是通过对它的 size 和 color 属性的控制来实现的。size 属性用来改变字体的大小，取值范围为 1 ~ 7；而 color 属性则用来改变文本的颜色，颜色的取值是在前面讲<body> </body>属性时介绍过的十六进制 RGB 颜色码或 HTML 语言给定的颜色常量名。

下面是一个综合示例，演示了上面讲到的几种文本标记的使用效果，如图 2.8 所示。

```
<html>
<head>
```

```
<title>文本标记的综合示例</title>
</head>
<body text="blue">
<h1>最大的标题</h1>
<h3>使用 h3 的标题</h3>
<h6>最小的标题</h6>
<p><b>黑体字文本</b></p>
<p><i>斜体字文本</i></p>
<p><u>下加一划线文本</u></p>
<p><tt>打字机风格的文本</tt></p>
<p><cite>引用方式的文本</cite></p>
<p><em>强调的文本</em></p>
<p><strong>加重的文本</strong></p>
<p><font size="5" color="red">size 取值“5”、color 取值“red”时的文本</font></p>
</body>
</html>
```

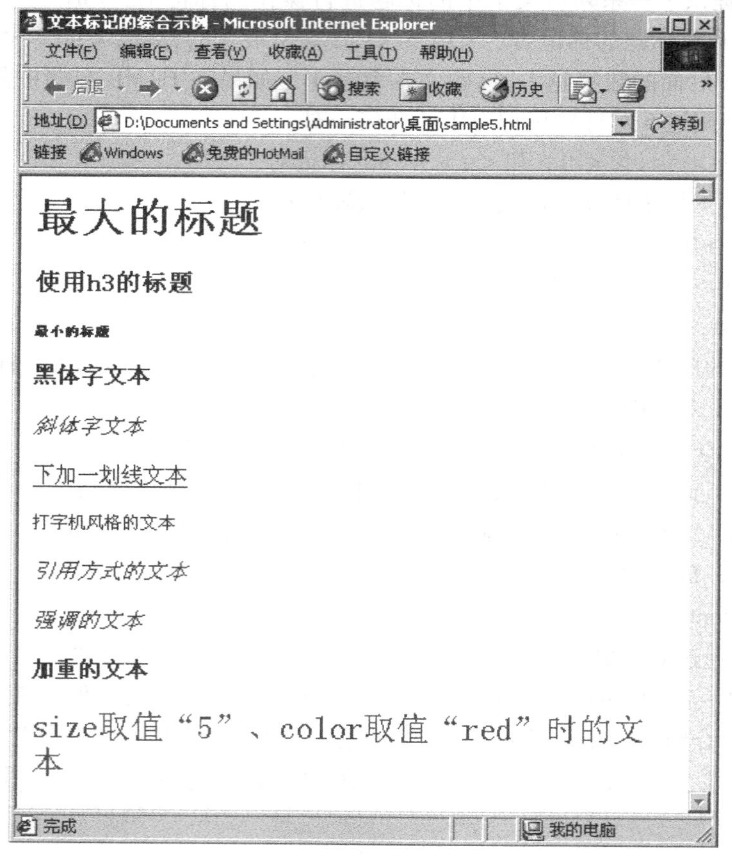

图 2.8　页面显示效果

注意：

<h1></h1>到<h6></h6>这一类标记使用时会自动加入一个空行，因此上面的示例中没有再用<p>标记加入空行。

(3)**图像标签**

图像在网页制作中是非常重要的一个方面，HTML 语言也专门提供了图像标记来处理图像的输出。几种常用的图像标签见表 2.5。

表 2.5　几种常用的图像标签

图像标签	标签说明
<img src = "name">	在 HTML 文档中嵌入一个图像
<img src = "name" align = "">	排列对齐一个图像：左、中、右或上、中、下
<img src = "name" border = "">	设置图像的边框的大小
<hr>	加入一条水平线
<hr size = "">	设置水平线的厚度
<hr width = "">	设置水平线的宽度。可以是百分比或绝对像素点
<hr noshade>	没有阴影的水平线

图像可以使 HTML 页面美观生动且富有生机。浏览器可以显示的图像格式有 jpeg，bmp，gif。其中，bmp 文件存储空间大，传输慢，不提倡用。jpeg 图像支持数百万种颜色，即使在传输过程中丢失数据，也不会在质量上有明显的不同，其占位空间比 gif 图像大。gif 图像仅包括 265 色彩，虽然质量上没有 jpeg 图像高，但具有占位储存空间小，下载速度最快、支持动画效果及背景色透明等特点。使用图像美化页面时，可视情况而决定使用哪种格式。

1)图像标签(<img>)

在 HTML 中，图像由 <img>标签定义。定义图像的语法是：

```
<img src = "url" alt = "图片说明" width = "100" height = "50" />
```

其完整属性及描述见表 2.6。

表 2.6　img 标签属性及描述

属　性	描　述
src	图像的 url 的路径
alt	提示文字
width	宽度，通常只设为图片的真实大小以免失真，改变图片大小最好用图像工具
height	高度，通常只设为图片的真实大小以免失真，改变图片大小最好用图像工具
dynsrc	avi 文件的 url 路径
loop	设定 avi 文件循环播放的次数
loopdelay	设定 avi 文件循环播放延迟
start	设定 avi 文件的播放方式

续表

属　性	描　述
lowsrc	设定低分辨率图片,若所加入的是一张很大的图片,可先显示图片
usemap	映像地图
align	图像和文字之间的排列属性
border	边框
hspace	水平间距
vlign	垂直间距

URL 指存储图像的位置。如果名为“boat. gif”的图像位于 www. baidu. com 的 images 目录中,那么其 URL 为 http://www. baidu. com/images/boat. gif。

浏览器将图像显示在文档中图像标签出现的地方。如果将图像标签置于两个段落之间,那么浏览器会首先显示第一个段落,然后显示图片,最后显示第二段。

2)源属性(Src)和替换文本属性(Alt)

alt 属性用来为图像定义一串预备的可替换的文本。替换文本属性的值是用户定义的。

```
<img src = "boat. gif"  alt = "Big Boat" >
```

在浏览器无法载入图像时,替换文本属性提示失去的信息。此时,浏览器将显示这个替代性的文本而不是图像。为页面上的图像都加上替换文本属性是个好习惯,这样有助于更好地显示信息,并且对于那些使用纯文本浏览器的浏览者来说是非常有用的。

下面所示代码用于演示修改图片的宽度和高度属性,将图片调整到不同的尺寸大小。

```
<html>
    <body>
        <img src = "../i/eg_mouse. jpg"  tppabs = " i/eg_mouse. jpg"  width = "50"  height = "50" >
        <br />
        <img src = "../i/eg_mouse. jpg"  tppabs = " i/eg_mouse. jpg"  width = " 100" height = "100" >
        <br />
        <img src = "../i/eg_mouse. jpg"  tppabs = " i/eg_mouse. jpg"  width = " 200" height = "200" >
        <p>通过改变 img 标签的"height"和"width"属性的值,您可以放大或缩小图像。</p>
    </body>
</html>
```

上述代码显示效果如图 2.9 所示。

3)HTML 超链接

在 HTML 中,通过使用 <a> 标签在 HTML 中创建链接,连接的基本语法为:

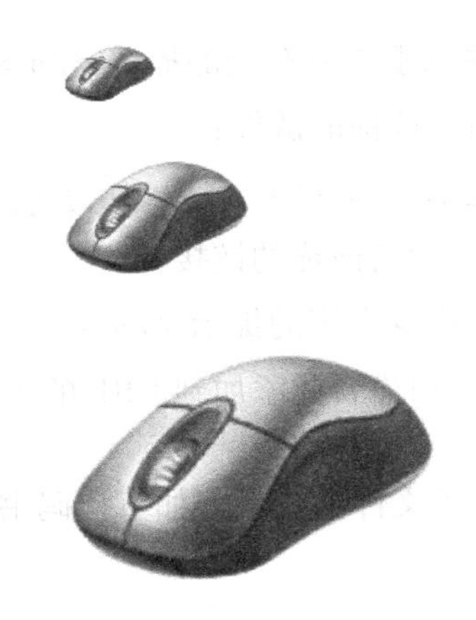

图 2.9　图像标签

```
<a href="url|name" target="_blank">Link text</a>
```

href 属性规定链接的目标页面或文档的目标锚点。开始标签和结束标签之间的文字或者图片被作为超级链接来显示。当鼠标指针移动到网页中的某个链接内容上时,箭头会变为手形。此时可以点击这些内容来跳转到新的文档或者当前文档中的某个部分。下面分别对相关属性进行介绍。

①Target 属性。Target 属性用于指定打开链接的目标窗口,其默认方式是原窗口。表 2.7 列举的是 Target 所能设置的属性值及其描述。

表 2.7　Target 属性及描述

属性值	描　述
_parent	在上一级窗口中打开,一般使用分帧的框架页会经常使用
_blank	在新窗口打开
_self	在同一个帧或窗口中打开,这项一般不用设置
_top	在浏览器的整个窗口中打开,忽略任何框架

下面的代码会在新窗口打开文档:

```
<a href="http://www.baidu.com./" target="_blank">百度</a>
```

②name 属性。name 属性规定锚(anchor)的名称。可以使用 name 属性创建 HTML 页面中的书签。书签不会以任何特殊方式显示,在浏览器中是不可见的。当使用命名锚(named anchors)时,可以创建直接跳至该命名锚(比如页面中某个小节)的链接,这样使用者就无须不停地滚动页面来寻找他们需要的信息了。

命名锚的语法如下所示:

```
<a name="label">锚(显示在页面上的文本)</a>
```

提示:锚的名称可以随意定义。当使用 id 属性来替代 name 属性时,命名锚同样有效。

下面通过一个实例来讲解如何实现锚点链接。

首先,在 HTML 文档中对锚进行命名(创建一个书签):

```
<a name="tips">基本的注意事项 - 有用的提示</a>
```

然后,在同一个文档中创建指向该锚的链接:

```
<a href="#tips">有用的提示</a>
```

当然也可以在其他页面中创建指向该锚的链接:

```
<a href="html_links.asp#tips">有用的提示</a>
```

在上面的代码中,只要将#符号和锚名称添加到 URL 的末端,就可以直接链接到 tips 这个命名锚了。

注意:请始终将正斜杠添加到子文件夹。类似如下代码书写,链接就会向服务器产生两次 HTTP 请求。

```
href="http://www.baidu.cn/html"
```

这是因为服务器会添加正斜杠到这个地址,然后创建一个新的请求,就像这样:

```
href="http://www.baidu.cn/html/"
```

提示:命名锚经常用于在大型文档开始位置上创建目录。可以为每个章节赋予一个命名锚,然后把链接到这些锚的链接放到文档的上部。在百度百科中,几乎每个词条都采用这样的导航方式。假如浏览器找不到已定义的命名锚,那么就会定位到文档的顶端,不会有错误发生。

4)图像链接

①图像的超链接。图像的链接和文字的链接方法是一样的,都是用 <a> 标签来完成,只要将 <img> 标签放在 <a> 和 </a> 之间就可以了。用图像链接的图片上有蓝色的边框,这个边框颜色也可以在 <img> 标签中设定 border=0 即可。

②图像的影像地图超链接。在 HTML 中还可以把图片划分成多个热点区域,每一个热点域链接到不同网页的资源。这种效果的实质是把一幅图片划分为不同的热点区域,再让不同的区域进行超链接。这就是影像地图。要完成地图区域超链接要用到三种标签: <img>, <map>, <area>。下面分别介绍这些标签的用法:

影像地图(Image Map)标签的使用格式:

```
<img src="图形文件名" usemap="#图的名称">
```

插入图片时要在 <img> 标记中设置参数 usemap="#图的名称",以表示对图像地图(图的名称)的引用。用 <map> 标记设定图像地图的作用区域,并用 name 属性为图像起一个名字。

```
<map name="图的名称">
    <area shape=形状 coords=区域座标列表 href="URL 资源地址">
    <! --可根据需要定义多少个热点区域-- >
    <area shape=形状 coords=区域座标列表 href="URL 资源地址">
</map>
```

shape——定义热点形状。

- shape=rect:矩形;
- shape=circle:圆形;
- shape=poly:多边形。

coords——定义区域点的坐标。

• 矩形:必须使用4个数字,前两个数字为左上角坐标,后两个数字为右下角坐标。

```
<area shape = rect coords = 100,50,200,75 href = "URL" >
```

• 圆形:必须使用3个数字,前两个数字为圆心的坐标,最后一个数字为半径长度。

```
<area shape = circle coords = 85,155,30 href = "URL" >
```

• 任意图形(多边形):将图形之每一转折点座标依序填入。

```
<area shape = poly coords = 232,70,285,70,300,90,250,90,200,78 href = "URL" >
```

在制作本文介绍的效果时,应注意的几点:

• 在 <img> 标记不要忘记设置 usemap 参数,且 usemap 的参数值必须与 <map> 标记中的 name 参数值相同,也就是说,“图像地图名称”要一致。

• 同一“图像地图”中的所有热点区域都要在图像地图的范围内,即所有 <area> 标记均要在 <map> 与 </map> 之间。

• 在 <area> 标记中的 cords 参数设定的坐标格式要与 shape 参数设定的作用区域形状配套,避免 shape 参数设置的是矩形作用区域而在 cords 中设置的却是多边形区域顶点坐标的现象出现。

5)HTML 水平线

在 HTML 中,<hr /> 标签用于在页面中创建水平线,一般用于分隔内容。<hr /> 标签的使用方式如下所示:

```
<html>
    <body>
        <p>hr 标签定义水平线:</p>
        <hr />
        <p>这是段落。</p>
        <p>这是段落。</p>
        <p>这是段落。</p>
    </body>
</html>
```

上述代码的显示效果如图2.10所示。

hr 标签定义水平线:

这是段落。
这是段落。
这是段落。

图2.10 水平线标签

水平线(<hr>标签)一般用来分隔文章中的小节。

(4)**链接标签**

链接是 HTML 语言的一大特色,正因为有了它,用户对内容的浏览才能够具有灵活性和网络性。HTML 链接的功能分为两种,一种是从当前文档链接到其他文档或文件,另一种是从当前文档链接到当前文档的另一部分。这两种功能都是通过 HTML 语言的链接标记实现的。

表 2.8　链接标签

链接标签	标签说明
<a href = "URL" > </a>	创建超文本链接
<a href = "mailto:EMAIL" > </a>	创建自动发送电子邮件的链接
<a name = "name" > </a>	创建位于文档内部的书签
<a href = "#name" > </a>	创建指向位于文档内部书签的链接

1) <a href = "" > </a>

本标记对的属性 href 是不可缺少的,标记对之间加入需要链接的文本或图像(链接图像即加入 <img src = "" >标记)。href 的值可以是 URL 形式,即网址或相对路径,也可以是 mailto:形式,即发送 E-mail 形式。对于第一种情况,语法为 <a href = "URL" > </a>,这就能创建一个超文本链接了,例如:

```
<a href = "http://www.huawei.com/" >华为技术</a>
```

对于第二种情况,语法为 <a href = "mailto:EMAIL" > </a>,这就创建了一个自动发送电子邮件的链接,mailto:后边紧跟想要制动发送的电子邮件的地址(即 E-mail 地址),例如:

```
<a href = "mailto:webmaster@huawei.com" >联系我们</a>
```

此外, <a href = "" > </a>还具有 target 属性,此属性用来指明浏览的目标帧。对于帧标记,下面会有专门的介绍。这里只需了解如果不使用 target 属性,当浏览者点击了链接之后将在原来的浏览器窗口中浏览新的 HTML 文档;若 target 的值等于“_blank”,点击链接后将会打开一个新的浏览器窗口来浏览新的 HTML 文档。例如:

```
<a href = "http://www.huawei.com/"  target = "_blank" >华为技术</a>
```

2) <a name = "" > </a>

<a name = "" > </a>标记对用来在 HTML 文档中创建一个标签(即做一个记号),属性 name 是不可缺少的,它的值即是标签名,例如:

```
<a name = "标签名" >此处创建了一个标签</a>
```

创建标签是为了在 HTML 文档中创建一些链接,以便能够找到同一文档中的有标签的地方,即实现从当前文档链接到当前文档另一部分的功能。要找到标签所在地,就必须用 <a href = "" > </a>标记对。例如要找到“标签名”这个标签,就要编写如下代码:

```
<a href = "#标签名" >点击此处将使浏览器跳到“标签名”处</a>
```

注意:

- <a name = "" > </a>标记对一定要结合 <a href = "" > </a>标记对使用才有效果。
- href 属性赋的值若是标签的名字,必须在标签名前边加一个“#”号。

(5)特殊符号

在 HTML 中,某些字符是预留的,在 HTML 中不能使用小于号(<)和大于号(>),这是因为浏览器会误认为它们是标签。如果希望正确地显示预留字符,必须在 HTML 源代码中使用字符实体(character entities)。比如要在文本中写10个空格,在显示该页面之前,浏览器会删除它们中的9个。如需在页面中增加空格的数量,需要使用 字符实体,见表2.9。

表2.9 HTML特殊符号

显示结果	描 述	实体名称
	空格	
<	小于号	<
>	大于号	>
&	和号	&
"	引号	"
'	撇号	'
¢	分	¢
£	镑	£
¥	日圆	¥
€	欧元	€
§	小节	§
©	版权	©
®	注册商标	®
TM	商标	™
×	乘号	×
÷	除号	÷

2.4 列表标签

在HTML页面中,合理地使用列表标签可以起到提纲和格式排序文件的作用。

列表分为两类,一是无序列表,二是有序列表。无序列表就是项目各条列间并无顺序关系,纯粹只是利用条列来呈现资料而已。此种无序标签,在各条列前面均有一符号以示区隔。而有序条列就是指各条列之间是有顺序的,比如从1、2、3…一直延伸下去。

列表标签的种类及描述见表2.10。

表2.10 列表标签及描述

标 签	描 述
< ol >	定义有序列表
< ul >	定义无序列表
< li >	定义列表项
< dl >	定义一个定义列表
< dt >	定义一个定义列表中的项目
< dd >	定义一个定义列表中对项目的描述

2.4.1 有序列表

有序列表也是一列项目，列表项目使用数字进行标记。有序列表始于 <ol> 标签。每个列表项始于 <li> 标签。

```
<ol >
    <li > Coffee </li >
    <li > Milk </li >
</ol >
```

浏览器显示效果如图 2.11 所示。

图 2.11 有序列表一

一个有序列表：

1.咖啡
2.茶
3.牛奶

图 2.12 有序列表二

列表项内部可以使用段落、换行符、图片、链接以及其他列表等，如下所示代码，最终在浏览器中的运行效果如图 2.12 所示。

```
<html >
    <body >
        <h4 >一个有序列表：</h4 >
        <ol >
            <li >咖啡 </li >
            <li >茶 </li >
            <li >牛奶 </li >
        </ol >
    </body >
</html >
```

2.4.2 无序列表

无序列表是一个项目的列表，此列项目使用粗体圆点（典型的小黑圆圈）进行标记。无序列表始于 <ul> 标签。每个列表项始于 <li>。

如下代码为无序列表实例展示了三种不同类型的无序列表项。

```
<html >
    <body >
```

```
        <h4>Disc 项目符号列表:</h4>
        <ul type="disc">
            <li>苹果</li>
            <li>香蕉</li>
            <li>柠檬</li>
            <li>橘子</li>
        </ul>

        <h4>Circle 项目符号列表:</h4>
        <ul type="circle">
            <li>苹果</li>
            <li>香蕉</li>
            <li>柠檬</li>
            <li>橘子</li>
        </ul>

        <h4>Square 项目符号列表:</h4>
        <ul type="square">
            <li>苹果</li>
            <li>香蕉</li>
            <li>柠檬</li>
            <li>橘子</li>
        </ul>
    </body>
</html>
```

上述代码运行效果如图 2.13 所示。

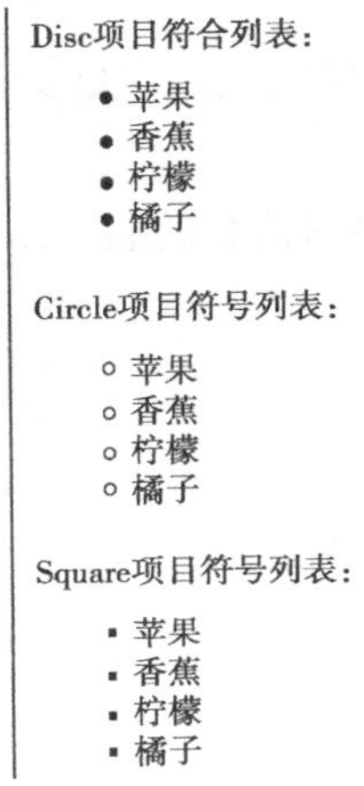

Disc项目符合列表:

- 苹果
- 香蕉
- 柠檬
- 橘子

Circle项目符号列表:

- 苹果
- 香蕉
- 柠檬
- 橘子

Square项目符号列表:

- 苹果
- 香蕉
- 柠檬
- 橘子

图 2.13　列表运行效果

不管是有序列表还是无序列表，列表项内部可以使用段落、换行符、图片、链接以及其他列表等。

2.4.3 自定义列表

自定义列表不仅仅是一列项目，而是项目及其注释的组合。自定义列表以 <dl> 标签开始。每个自定义列表项以 <dt> 开始。每个自定义列表项的定义以 <dd> 开始。具体实例如下所示：

```
    <dl>
        <dt>Coffee</dt>
            <dd>Black hot drink</dd>
        <dt>Milk</dt>
            <dd>White cold drink</dd>
</dl>
```

上述代码在浏览器中的显示效果如图 2.14 所示。

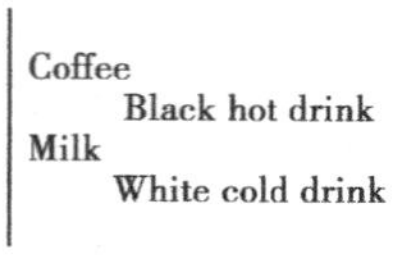

Coffee
Black hot drink
Milk
White cold drink

图 2.14 自定义列表一

定义列表的列表项内部可以使用段落、换行符、图片、链接以及其他列表等。

下面的代码用于演示一个定义列表。

```
<html>
    <body>
        <h2>一个定义列表：</h2>
        <dl>
          <dt>计算机</dt>
              <dd>用来计算的仪器……</dd>
          <dt>显示器</dt>
              <dd>以视觉方式显示信息的装置……</dd>
        </dl>
    </body>
</html>
```

上述代码的最终显示效果如图 2.15 所示。

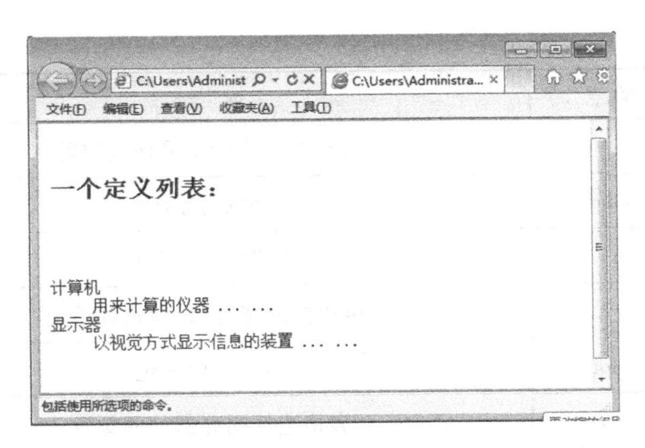

图2.15　自定义列表二

2.5　表格标签

表格是网页中常用的信息组织方式。表格由<table>标签来定义。每个表格均有若干行(由<tr>标签定义)，每行被分割为若干单元格(由<td>标签定义)。字母td指表格数据(table data)，即数据单元格的内容。数据单元格可以包含文本、图片、列表、段落、表单、水平线、表格等。

2.5.1　定义表格的基本语法

在HTML文档中，表格是通过<table>、<th>、<tr>、<td>标签来完成的，见表2.11。

表2.11　表格标签介绍

标　签	描　述
<table>	用于定义一个表格的开始和结束
<th>	定义表头单元格。表格中的文字将以粗体显示，在表格中也可以不用此标签，<th>标签必须放在<tr>标签内
<tr>	定义一行标签，一组行标签内可以建立多组由<td>或<th>标签所定义的单元格
<td>	定义单元格标签，一组<td>标签将建立一个单元格，<td>标签必须放在<tr>标签内

2.5.2　表格<table>标签的属性

表格标签<table>有很多属性，最常用的属性见表2.12。

表2.12　table属性介绍

属　性	描　述
width	表格的宽度
height	表格的高度

续表

属　性	描　述
align	表格在页面的水平摆放位置
background	表格的背景图片
bgcolor	表格的背景颜色
border	表格边框的宽度(以像素为单位)
bordercolor	表格边框颜色
bordercolorlight	表格边框明亮部分的颜色
bordercolordark	表格边框昏暗部分的颜色
cellspacing	单元格之间的间距
cellpadding	单元格内容与单元格边界之间的空白距离的大小

2.5.3　表格的边框显示状态 frame

表格的边框分别有上边框、下边框、左边框、右边框。这四个边框都可以设置为显示或隐藏状态。

frame 可设置的值及其描述见表 2.13,其语法格式为:

```
<table frame = "边框显示值" >
```

表 2.13　frame 值介绍

frame 的值	描　述
box	显示整个表格边框
void	不显示表格边框
hsides	只显示表格的上下边框
vsides	只显示表格的左右边框
alove	只显示表格的上边框
below	只显示表格的下边框
lhs	只显示表格的左边框
rhs	只显示表格的右边框

2.5.4　设置分隔线的显示状态 rules

rules 属性可设置的值及其描述见表 2.14,其语法格式为:

```
<table rules = "值" >
```

表2.14　rules值介绍

frules的值	描　述
all	显示所有分隔线
groups	只显示组与组的分隔线
rows	只显示行与行的分隔线
cols	只显示列与列的分隔线
none	所有分隔线都不显示

2.5.5　表格行的设定

表格是按行和列(单元格)组成的,一个表格有几行组成就要有几个行标签<tr>。行标签用它的属性值来修饰,属性都是可选的。tr标签的属性及其描述见表2.15。

表2.15　tr标签介绍

属　性	描　述
align	行内容的水平对齐
valign	行内容的垂直对齐
bgcolor	行的背景颜色
bordercolo	行的边框颜色
bordercolorlight	行的亮边框颜色
bordercolordark	行的暗边框颜色

2.5.6　单元格的设定

<th>和<td>都是插入单元格的标签,这两个标签必须嵌套在<tr>标签内,是成对出现的。<th>用于表头标签,表头标签一般位于首行或首列,标签之间的内容就是位于该单元格内的标题内容,其中的文字以粗体居中显示。数据标签<td>就是该单元格中的具体数据内容,<th>和<td>标签的属性都是一样的,属性设定见表2.16。

表2.16　td标签属性及描述

属　性	描　述
width/height	单元格的宽和高,接受绝对值(如80)及相对值(如80%)。
colspan	单元格向右打通的栏数
rowspan	单元格向下打通的列数
align	单元格内容的水平对齐方式,可选值为:left, center, right
valign	单元格内容的垂直排列方式,可选值为:top, middle, bottom
bgcolor	单元格的底色

续表

属　性	描　述
bordercolor	单元格边框颜色
bordercolorlight	单元格边框向光部分的颜色
bordercolordark	单元格边框背光部分的颜色
background	单元格　背景图片

2.5.7　表格的表头

表格的表头使用 <th> 标签进行定义。大多数浏览器会把表头显示为粗体居中的文本。

```
<table border="1">
    <tr>
        <th>Heading</th>
        <th>Another Heading</th>
    </tr>
    <tr>
        <td>row 1, cell 1</td>
        <td>row 1, cell 2</td>
    </tr>
    <tr>
        <td>row 2, cell 1</td>
        <td>row 2, cell 2</td>
    </tr>
</table>
```

浏览器中显示的效果如图 2.16 所示。

Heading	Another Heading
row 1,cell 1	row 2,cell 2
row 2,cell 2	row 2,cell 2

图 2.16　表格效果

2.5.8　表格中的空单元格

在一些浏览器中,没有内容的表格单元显示得不太好。如果某个单元格是空的(没有内容),浏览器可能无法显示出这个单元格的边框。

```
<table border="1">
    <tr>
        <td>row 1, cell 1</td>
        <td>row 1, cell 2</td>
```

```
        </tr>
        <tr>
            <td> </td>
            <td>row 2, cell 2</td>
        </tr>
</table>
```

浏览器中显示的效果如图2.17所示。

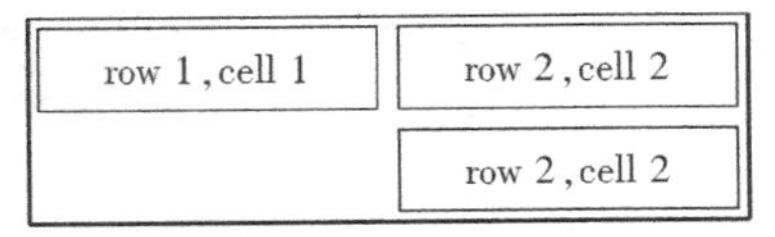

图2.17　空单元格

注意:这个空的单元格的边框没有被显示出来。为了避免这种情况,在空单元格中添加一个空格占位符,就可以将边框显示出来。

```
<table border="1">
<tr>
<td>row 1, cell 1</td>
<td>row 1, cell 2</td>
</tr>
<tr>
<td> </td>
<td>row 2, cell 2</td>
</tr>
</table>
```

浏览器中显示的效果如图2.18所示。

row 1,cell 1	row 1,cell 2
	row 2,cell 2

图2.18　修改后的表格效果

2.5.9　跨行与跨列的单元格

在制作网页的过程中,有时可能要将多行或多列合并成一个单元格,即创建跨多列的行,或创建跨多行的列。colspan 属性用于创建跨多列的单元格,rowspan 属性用于创建跨多行的单元格。

(1)跨多列的表格

跨多列的表格是单元格在水平方向上跨多列。其创建跨多列的表格基本语法如下:

```
<TABLE>
  <TR>
    <TD colspan="所跨列数">单元格内容</TD>
```

```
    </TR >
</TABLE >
```

如下代码说明了 colspan 属性的用法。

```
<HTML >
<HEAD >
<TITLE >跨多列的表格 </TITLE >
</HEAD >
<BODY >
<TABLE border = "2" >
   <TR >
   <TD colspan = "3" >学生成绩表 </TD >
   <!  --设置单元格水平跨 3 列,3 是单元格所跨列数,而不是像素数 -- >
  </TR >
  <TR >
<TD  >英语 </TD >
<TD  >数学 </TD >
<TD  >语文 </TD >
  </TR >
  <TR >
    <TD  >95 </TD >
    <TD >98 </TD >
    <TD >89 </TD >
  </TR >
</TABLE >
</BODY >
</HTML >
```

在上面的代码中,将第一行单元格在水平方向上所跨的列数设为 3,因为表格共包括 3 列,所以第一行只有一个单元格。最终显示效果如图 2.19 所示。

学生成绩表		
英语	数学	语文
95	98	89

图 2.19　跨多列的表格

(2)**跨多行的表格**

单元格除了可以在水平方向上跨列,还可以在垂直方向上跨行。跨多行的表格是单元格在垂直方向上跨多行。

创建跨多行的表格基本语法:

```
<TABLE>
  <TR>
    <TD rowspan="所跨行数">单元格内容</TD>
  </TR>
</TABLE>
```

如下代码表明了 rowspan 属性的使用方式。

```
<HTML>
<HEAD>
<TITLE>跨行表格</TITLE>
</HEAD>
<BODY>
<TABLE border="2">
  <TR>
    <TD   rowspan="3">早餐菜谱</TD>
    <! --设置单元格垂直跨 3 行,3 是单元格所跨行数,而不是像素数-->
<TD>食物</TD>
<TD>鸡蛋</TD>
  </TR>
  <TR>
<TD>饮料</TD>
<TD>牛奶</TD>
  </TR>
  <TR>
  <TD>甜点</TD>
  <TD>开心粉</TD>
  </TR>
</TABLE>
</BODY>
</HTML>
```

在上面的代码中,由于第一行第一个单元格垂直跨了 3 行,还剩 2 个单元格,因此在接下来的两行都有 2 个单元格。最终的显示效果如图 2.20 所示。

<table>
<tr><td rowspan="3">早餐菜谱</td><td>食物</td><td>鸡蛋</td></tr>
<tr><td>饮料</td><td>牛奶</td></tr>
<tr><td>甜点</td><td>开心粉</td></tr>
</table>

图 2.20　跨多行的表格

2.5.10 表格分组标记

(1)表格行分组标记:THEAD,TFOOT 和 TBODY

表格行分组标记是将表格中的所有行或者连续多行看成一个整体。

THEAD:表格的题头标记,可选;

TBODY:表格的正文的标记;

TFOOT:表格的脚注组标记,可选。

(2)竖列组:COLGROUP 和 COL 元素

```
<colgroup
align = left|center|right
span = n >
```

2.6 表单标签

表单在 Web 网页中用来给访问者填写信息,从而获得用户信息,使网页具有交互功能。一般是将表单设计在一个 HTML 文档中,用户填写完信息后做提交(submit)操作,于是表单的内容就从客户端的浏览器传送到服务器上,经过服务器上的 ASP 或 CGI 等服务器端程序处理后,再将用户所需信息传送回客户端的浏览器上,这样网页就具有了交互性。

下面介绍 HTML 中的表单标记。

2.6.1 form 标签

<form> </form>标记对用来创建一个表单,即定义表单的开始和结束位置,在标记对之间的一切都属于表单的内容。<form>标记具有 action、method 和 target 属性。action 的值是处理程序的程序名(包括网络路径:网址或相对路径),如:

<form action = "http://learningweb/login.cgi">

当用户提交表单时,服务器将执行网址 http://learningweb/上的名为 login.cgi 的 CGI 程序。method 属性用来定义处理程序从表单中获得信息的方式,可取值为 GET 和 POST 其中一个。GET 方式传送的数据一般限制在 1 kB 以下,POST 方式可传送的数据量比 GET 大得多。target 属性用来指定目标窗口或目标帧。

2.6.2 input 标签

<input type = "">标记用来定义一个用户输入区,用户可在其中输入信息。此标记必须放在<form> </form>标记对之间。在 HTML4.0 中,<input type = "">标记中共提供了 10 种类型的输入区域,具体是哪一种类型由 type 属性来决定,见表 2.17。

表 2.17 input 标签的属性

值	描 述
button	定义可点击按钮(多数情况下,用于通过 JavaScript 启动脚本)

续表

值	描 述
checkbox	定义复选框
file	定义输入字段和“浏览”按钮,供文件上传
hidden	定义隐藏的输入字段
image	定义图像形式的提交按钮
password	定义密码字段。该字段中的字符被掩码
radio	定义单选按钮
reset	定义重置按钮。重置按钮会清除表单中的所有数据
submit	定义提交按钮。提交按钮会把表单数据发送到服务器
text	定义单行的输入字段,用户可在其中输入文本。默认宽度为20个字符

1)Text

<input type="text" />定义用户可输入文本的单行输入字段。

```
Email:<input type="text" name="email" />
Pin:<input type="text" name="pin" />
```

2)Button

<input type="button" />定义可点击的按钮,但没有任何行为。button类型常用于在用户点击按钮时启动JavaScript程序。

```
<input type="button" value="Click me" onclick="msg()" />
```

3)Checkbox

<input type="checkbox" />定义复选框。复选框允许用户在一定数目的选择中选取一个或多个选项。

```
<input type="checkbox" name="vehicle" value="Bike" />I have a bike
<input type="checkbox" name="vehicle" value="Car" />I have a car
```

4)File

<input type="file" />用于文件上传。

```
<input type="file" />
```

5)Hidden

<input type="hidden" />定义隐藏字段。隐藏字段对于用户是不可见的。隐藏字段通常会存储一个默认值,它们的值也可以由JavaScript进行修改。

```
<input type="hidden" name="country" value="Norway" />
```

6)Image

<input type="image" />定义图像形式的提交按钮,必须把src属性.alt属性与<input

type = "image" >结合使用。

```
<input type = "image" src = "submit. gif" alt = "Submit" />
```

7) Password

<input type = "password" /> 定义密码字段。密码字段中的字符会被掩码(显示为星号或原点)。

```
<input type = "password" name = "pwd" />
```

8) Radio

<input type = "radio" /> 定义单选按钮。单选按钮允许用户选取给定数目的选择中的一个选项。

```
<input type = "radio" name = "sex" value = "male" /> Male
<input type = "radio" name = "sex" value = "female" /> Female
```

9) Reset Button

<input type = "reset" /> 定义重置按钮。重置按钮会清除表单中的所有数据。

```
<input type = "reset" />
```

10) Submit

<input type = "submit" /> 定义提交按钮。提交按钮用于向服务器发送表单数据。数据会发送到表单的 action 属性指定的页面。

```
<form action = "form_action. asp" method = "get" >
Email: <input type = "text" name = "email" />
<input type = "submit" />
</form >
```

此外,这 10 种类型的输入区域有一个公共的属性 name,此属性给每一个输入区域一个名字。这个名字与输入区域是一一对应的,即一个输入区域对应一个名字。服务器就是通过调用某一输入区域的名字的 value 属性来获得该区域的数据的。而 value 属性是另一个公共属性,它可用来指定输入区域的缺省值。

(1) HTML5 新增类型

HTML5 拥有多个新的表单输入类型。这些新特性提供了更好的输入控制和验证。浏览器对新的表单输入类型的支持情况见表 2.18。

表 2.18 浏览器对新的表单输入类型的支持情况

Input type	IE	Firefox	Opera	Chrome	Safari
email	No	4.0	9.0	10.0	No
url	No	4.0	9.0	10.0	No
number	No	No	9.0	7.0	No
range	No	No	9.0	4.0	4.0

续表

Input type	IE	Firefox	Opera	Chrome	Safari
Date pickers	No	No	9.0	10.0	No
search	No	4.0	11.0	10.0	No
color	No	No	11.0	No	No

注:Opera 对新的输入类型的支持最好。不过现在已经可以在所有主流的浏览器中使用它们了。即使不被支持,仍然可以显示为常规的文本域。

1)email 类型

email 类型用于应该包含 email 地址的输入域。在提交表单时,浏览器会自动验证 email 域的值。示例如下:

```
E-mail: <input type = "email"  name = "user_email"  />
```

提示:iPhone 中的 Safari 浏览器支持 email 输入类型,并通过改变触摸屏键盘来配合它(添加@ 和 .com 选项)。

2)url 类型

url 类型用于应该包含 URL 地址的输入域。在提交表单时,浏览器会自动验证 url 域的值。示例如下:

```
Homepage: <input type = "url"  name = "user_url"  />
```

提示:iPhone 中的 Safari 浏览器支持 url 输入类型,并通过改变触摸屏键盘来配合它(添加 .com 选项)。

3)number 类型

number 类型用于应该包含数值的输入域。用户还能够设定其所接受的数字,示例如下:

```
Points: <input type = "number"  name = "points"  min = "1"  max = "10"  />
```

表 2.19 所示的属性规定了对数字类型的限定。

表 2.19　number 类型的属性

属　性	值	描　述
max	number	规定允许的最大值
min	number	规定允许的最小值
step	number	规定合法的数字间隔(如果 step = "3",则合法的数是 -3,0,3,6 等)
value	number	规定默认值

提示:iPhone 中的 Safari 浏览器支持 number 输入类型,并通过改变触摸屏键盘来配合它(显示数字)。

4)range 类型

range 类型用于应该包含一定范围内数字值的输入域。range 类型显示为滑动条,并能够

设定对所接受的数字的限定,示例如下:

```
<input type="range" name="points" min="1" max="10" />
```

表 2.20 所示的属性规定了对数字类型的限定。

表 2.20 range 类型的属性

属性	值	描述
max	number	规定允许的最大值
min	number	规定允许的最小值
step	number	规定合法的数字间隔(如果 step="3",则合法的数是 -3,0,3,6 等)
value	number	规定默认值

5) Date Pickers 类型(日期选择器)

HTML5 拥有多个可供选取日期和时间的新输入类型:

- date:选取日、月、年;
- month:选取月、年;
- week:选取周和年;
- time:选取时间(小时和分钟);
- datetime:选取时间、日、月、年(UTC 时间);
- datetime-local:选取时间、日、月、年(本地时间)。

下面的代码允许用户从日历中选取一个日期:

```
Date: <input type="date" name="user_date" />
```

6) search 类型

search 类型用于搜索域,比如站点搜索或 Google 搜索。search 域显示为常规的文本域。

(2) input **标签的属性**

input 标签所具有的属性,见表 2.21。

表 2.21 input 标签的属性

属性	值	描述
accept	mime_type	规定通过文件上传来提交的文件的类型
align	Left、right、top Middle、bottom	不赞成使用。规定图像输入的对齐方式
alt	text	定义图像输入的替代文本
autocomplete	On、off	HTML5 新增属性。规定是否使用输入字段的自动完成功能
autofocus	autofocus	HTML5 新增属性。规定输入字段在页面加载时是否获得焦点(不适用于 type="hidden")
checked	checked	规定此 input 元素首次加载时应当被选中
disabled	disabled	当 input 元素加载时禁用此元素

续表

属性	值	描述
form	formname	HTML5 新增属性。规定输入字段所属的一个或多个表单
formaction	URL	HTML5 新增属性。覆盖表单的 action 属性（适用于 type = "submit" 和 type = "image"）
formenctype		HTML5 新增属性。覆盖表单的 enctype 属性（适用于 type = "submit" 和 type = "image"）
formmethod	get post	HTML5 新增属性。覆盖表单的 method 属性（适用于 type = "submit" 和 type = "image"）
formnovalidate	formnovalidate	HTML5 新增属性。覆盖表单的 novalidate 属性。如果使用该属性，则提交表单时不进行验证
formtarget	_blank、_self _parent、_top framename	HTML5 新增属性。覆盖表单的 target 属性（适用于 type = "submit" 和 type = "image"）
height	pixels %	HTML5 新增属性。 定义 input 字段的高度（适用于 type = "image"）
list	datalist-id	HTML5 新增属性。引用包含输入字段的预定义选项的 datalist
max	number date	HTML5 新增属性。规定输入字段的最大值。请与 min 属性配合使用，创建合法值的范围
maxlength	number	规定输入字段中的字符的最大长度
min	number date	HTML5 新增属性。规定输入字段的最小值。请与 max 属性配合使用，创建合法值的范围
multiple	multiple	HTML5 新增属性。如果使用该属性，则允许一个以上的值
name	field_name	定义 input 元素的名称
pattern	regexp_pattern	HTML5 新增属性。规定输入字段的值的模式或格式。例如 pattern = "[0 – 9]" 表示输入值必须是 0 与 9 之间的数字
placeholder	text	HTML5 新增属性。规定帮助用户填写输入字段的提示
readonly	readonly	规定输入字段为只读
required	required	HTML5 新增属性。指示输入字段的值是必需的
size	number_of_char	定义输入字段的宽度
src	URL	定义以提交按钮形式显示的图像的 URL
step	number	HTML5 新增属性。规定输入字的合法数字间隔
type	Button checkbox file hidden image	规定 input 元素的类型

续表

属 性	值	描 述
type	password radio reset submit text	规定 input 元素的类型
value	value	规定 input 元素的值
width	pixels %	HTML5 新增属性。 定义 input 字段的宽度(适用于 type = "image")

2.6.3 select 标签

<select> </select>标记对用来创建一个下拉列表框或可以复选的列表框。此标记对用于<form> </form>标记对之间。<select>具有 multiple、name 和 size 属性。multiple 属性不用赋值,直接加入标记中即可使用,加入了此属性后列表框就成了可多选的形式;name 是此列表框的名字,它与 name 属性的作用是一样的;size 属性用来设置列表的高度,缺省时值为 1,若没有设置(加入)multiple 属性,显示的将是一个弹出式的列表框。

<option>标记用来指定列表框中的一个选项,它放在<select> </select>标记对之间。此标记具有 selected 和 value 属性。selected 用来指定默认的选项,value 属性用来给<option>指定的那一个选项赋值,这个值是要传送到服务器上的,服务器通过调用<select>区域的名字的 value 属性来获得该区域选中的数据项。

2.6.4 textarea 标签

<textarea> </textarea>用来创建一个可以输入多行的文本框,此标记对用于<form> </form>标记对之间。<textarea>具有 name、cols 和 rows 属性。cols 和 rows 属性分别用来设置文本框的列数和行数,这里列与行是以字符数为单位的。

请看下面的综合示例,仔细体会各个表单标记的用法:

```
<html>
    <head>
        <title>HTML 表单实例</title>
    </head>

    <body bgcolor=#FFFFFF>

    <form name=sampleform method=post action="http://learningweb/login.php">
        <input type=text value="文本输入域"><br>
        <input type=submit value="提交按钮">
        <input type=reset value="重置按钮"><br>
```

```
        <P align = left >你喜欢哪些教程：<br >
        <INPUT name = C1 type = checkbox value = ON checked >Html 入门
        <INPUT name = C2 type = checkbox value = ON >动态 Html
        <INPUT name = C3 type = checkbox value = ON >ASP </P >

        <input type = hidden value = "隐藏区域" > <br >
        <input type = password value = "1234" > <br >

        <P align = left >你喜欢哪个教程：<br >
        <INPUT name = C1 type = radio value = ON checked >Html 入门
        <INPUT name = C2 type = radio value = ON >动态 Html
        <INPUT name = C3 type = radio value = ON >ASP </P >

        <p >请选择最喜欢的男歌星：<br >
        <select name = "gx1" size = "1" >
          <option value = "ldh" >刘德华
          <option value = "zhxy" selected >张学友
          <option value = "gfch" >郭富城
          <option value = "lm" >黎明
        </select >
        </p >
        <br > <br > <br >

        <p >请选择最喜欢的女歌星：<br >
        <select name = "gx2" multiple size = "3" >
          <option value = "wf" selected >王菲
          <option value = "tzh" >田震
          <option value = "ny" >那英
        </select >
        </p >

        <p >多行文本框：<br >
        <textarea name = "yj" clos = "20" rows = "5" >请将意见输入此区域
        </textarea >

    </form >

    </body >
</html >
```

显示效果如图 2.21 所示。

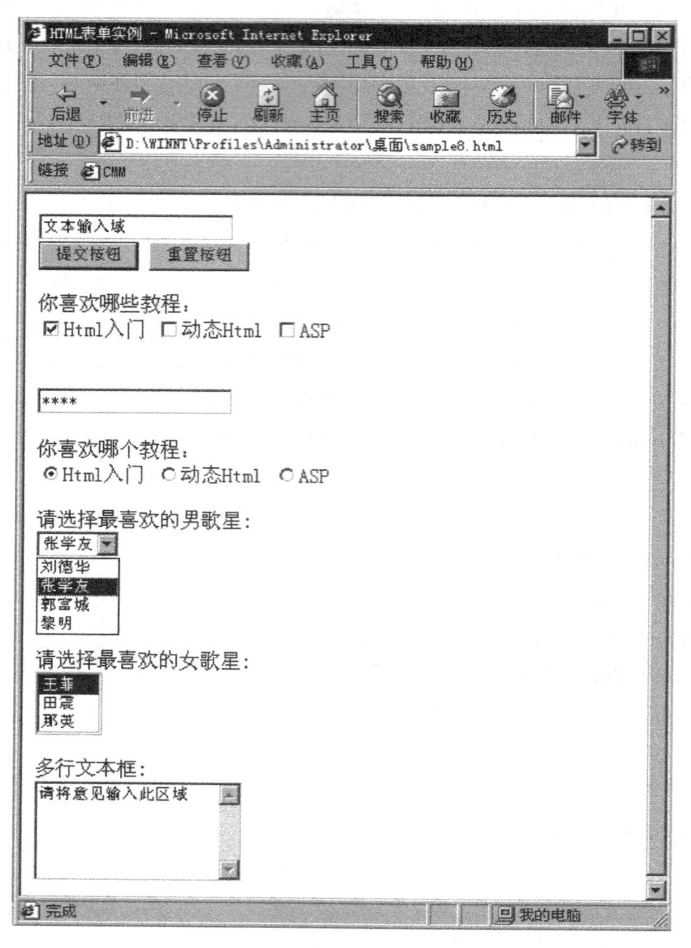

图 2.21　页面显示效果

2.6.5　HTML5 新增表单元素

HTML5 拥有若干涉及表单的元素和属性。本小节介绍新的表单元素：datalist、keygen 和 output。具体的浏览器支持情况见表 2.22。

表 2.22　浏览器支持情况

Input type	IE	Firefox	Opera	Chrome	Safari
datalist	No	No	9.5	No	No
keygen	No	No	10.5	3.0	No
output	No	No	9.5	No	No

(1) datalist **元素**

datalist 元素规定输入域的选项列表。列表是通过 datalist 内的 option 元素创建的。如需把 datalist 绑定到输入域，请用输入域的 list 属性引用 datalist 的 id。具体实例如下所示：

```
Webpage:
<input type="url" list="url_list" name="link" />
<datalist id="url_list">
<option label="W3School" value="http://www.W3School.com.cn" />
<option label="Google" value="http://www.google.com" />
<option label="Microsoft" value="http://www.microsoft.com" />
</datalist>
```

提示:option 元素永远都要设置 value 属性。

(2)keygen **元素**

keygen 元素的作用是提供一种验证用户的可靠方法。keygen 元素是密钥对生成器(key-pair generator)。当提交表单时,会生成两个键,一个是私钥,另一个是公钥。私钥(private key)存储于客户端,公钥(public key)则被发送到服务器。公钥可用于之后验证用户的客户端证书(client certificate)。

目前,浏览器对此元素的支持度不足以使其成为一种有用的安全标准。具体实例如下所示:

```
<form action="demo_form.asp" method="get">
Username: <input type="text" name="usr_name" />
Encryption: <keygen name="security" />
<input type="submit" />
</form>
```

(3)output **元素**

output 元素用于不同类型的输出,比如计算或脚本输出。具体实例如下所示:

```
<output id="result" onforminput="resCalc()"></output>
```

2.6.6 HTML5 新增表单属性

下面讲解涉及 <form> 和 <input> 元素的新属性。新的 form 属性有 autocomplete 和 novalidate。新的 input 属性有:autocomplete、autofocus、form、form overrides(formaction, formenctype, formmethod, formnovalidate, formtarget)、height、width、list、min、max、step、multiple、pattern(regexp)、placeholder、required 等属性。

具体的浏览器支持情况见表 2.23。

表 2.23 浏览器支持情况

Input type	IE	Firefox	Opera	Chrome	Safari
autocomplete	8.0	3.5	9.5	3.0	4.0
autofocus	No	No	10.0	3.0	4.0
form	No	No	9.5	No	No
form overrides	No	No	10.5	No	No

续表

Input type	IE	Firefox	Opera	Chrome	Safari
height and width	8.0	3.5	9.5	3.0	4.0
list	No	No	9.5	No	No
min, max and step	No	No	9.5	3.0	No
multiple	No	3.5	No	3.0	4.0
novalidate	No	No	No	No	No
pattern	No	No	9.5	3.0	No
placeholder	No	No	No	3.0	3.0
required	No	No	9.5	3.0	No

(1) autocomplete **属性**

autocomplete 属性规定 form 或 input 域应该拥有自动完成功能。autocomplete 适用于 <form>标签,以及以下类型的<input>标签:text, search, url, telephone, email, password, datepickers, range 以及 color。

当用户在自动完成域中开始输入时,浏览器应该在该域中显示填写的选项,具体示例如下:

```
<form action="demo_form.asp" method="get" autocomplete="on">
First name:<input type="text" name="fname" /><br />
Last name:<input type="text" name="lname" /><br />
E-mail:<input type="email" name="email" autocomplete="off" /><br />
<input type="submit" />
</form>
```

注意:在某些浏览器中,用户可能需要启用自动完成功能,以使该属性生效。

(2) autofocus **属性**

autofocus 属性规定在页面加载时,域自动地获得焦点。autofocus 属性适用于所有<input>标签的类型。具体示例如下:

```
User name: <input type="text" name="user_name"  autofocus="autofocus" />
```

(3) form **属性**

form 属性规定输入域所属的一个或多个表单。form 属性适用于所有<input>标签的类型。使用 form 属性必须引用所属表单的 id,具体示例如下:

```
<form action="demo_form.asp" method="get" id="user_form">
First name:<input type="text" name="fname" />
<input type="submit" />
</form>
Last name: <input type="text" name="lname" form="user_form" />
```

注意:如需引用一个以上的表单,请使用空格分隔的列表。

(4)**表单重写属性**

表单重写属性(form override attributes)允许用户重写 form 元素的某些属性设定。表单重写属性有:

- formaction:重写表单的 action 属性;
- formenctype:重写表单的 enctype 属性;
- formmethod:重写表单的 method 属性;
- formnovalidate:重写表单的 novalidate 属性;
- formtarget:重写表单的 target 属性。

注意:表单重写属性适用于 submit 和 image 类型的 <input>标签。具体示例如下:

```
<form action = "demo_form.asp" method = "get" id = "user_form" >
E-mail: <input type = "email" name = "userid" /> <br />
<input type = "submit" value = "Submit" />
<br />
<input type = "submit" formaction = "demo_admin.asp" value = "Submit as admin" />
<br />
<input type = "submit" formnovalidate = "true" value = "Submit without validation" />
<br />
</form>
```

这些属性对于创建不同的提交按钮很有帮助。

(5)height **和** width **属性**

height 和 width 属性规定用于 image 类型的 input 标签的图像高度和宽度。height 和 width 属性只适用于 image 类型的<input>标签。具体示例如下:

```
<input type = "image" src = "img_submit.gif" width = "99" height = "99" />
```

(6)list **属性**

list 属性规定输入域的 datalist。datalist 是输入域的选项列表。list 属性适用于以下类型的<input>标签:text, search, url, telephone, email, date pickers, number, range 以及 color。具体示例如下:

```
Webpage:
<input type = "url" list = "url_list" name = "link" />
<datalist id = "url_list" >
<option label = "W3Schools" value = "http://www.w3school.com.cn" />
<option label = "Google" value = "http://www.google.com" />
<option label = "Microsoft" value = "http://www.microsoft.com" />
</datalist>
```

(7)min、max **和** step **属性**

min、max 和 step 属性用于为包含数字或日期的 input 类型规定限定(约束)。

- max 属性规定输入域所允许的最大值；
- min 属性规定输入域所允许的最小值；
- step 属性为输入域规定合法的数字间隔（如果 step = "3"，则合法的数是 -3，0，3，6 等）。

min、max 和 step 属性适用于 date pickers、number 以及 range 类型的 <input> 标签。

下面的例子显示一个数字域，该域接受 0 ~ 10 的值，且步进为 3（即合法的值为 0，3，6 和 9）：

```
Points: <input type = "number"  name = "points"  min = "0"  max = "10"  step = "3"  />
```

（8）multiple **属性**

multiple 属性规定输入域中可选择多个值。multiple 属性适用于 email 和 file 类型的 <input> 标签。具体示例如下：

```
Select images: <input type = "file"  name = "img"  multiple = "multiple"  />
```

（9）novalidate **属性**

novalidate 属性规定在提交表单时不应该验证 form 或 input 域。novalidate 属性适用于 <form> 以及以下类型的 <input> 标签：text，search，url，telephone，email，password，date pickers，range 以及 color。具体示例如下：

```
<form action = "demo_form.asp"  method = "get"  novalidate = "true" >
E-mail:  <input type = "email"  name = "user_email"  />
<input type = "submit"  />
</form>
```

（10）pattern **属性**

pattern 属性规定用于验证 input 域的模式（pattern）。模式（pattern）是正则表达式。pattern 属性适用于 text、search、url、telephone、email 以及 password 类型的 <input> 标签。

下面的例子显示了一个只能包含三个字母的文本域（不含数字及特殊字符）：

```
Country code:  <input type = "text"  name = "country_code"
pattern = "[A-z]{3}"  title = "Three letter country code"  />
```

（11）placeholder **属性**

placeholder 属性提供一种提示（hint），描述输入域所期待的值。placeholder 属性适用于 text、search、url、telephone、email 以及 password 类型的 <input> 标签。

提示（hint）会在输入域为空时显示出现，会在输入域获得焦点时消失。具体示例如下：

```
<input type = "search"  name = "user_search"   placeholder = "Search W3School"  />
```

（12）required **属性**

required 属性规定必须在提交之前填写输入域（不能为空）。required 属性适用于 text、search、url、telephone、email、password、date pickers、number、checkbox、radio 以及 file 类型的 <input> 标签。具体示例如下：

```
Name: <input type = "text"  name = "usr_name"  required = "required"  />
```

2.7 框架标签

框架可以生成独立变化和滚动的窗口,从而能将一个窗口分割为若干个子窗口,在每一个子窗口中显示一个HTML文档。通过使用框架,可以在同一个浏览器窗口中显示不止一个页面。每份HTML文档称为一个框架,并且每个框架都独立于其他的框架。

2.7.1 基本结构

HTML使用<Frameset>,<Frame>和<noFrames>标签来定义框架。下面就来了解一下这三个标签的作用和相应的属性。如下所示代码为一个基本的框架结构。

```
<html>
    <head><title>...</title></head>
    <frameset>
        <frame src="url" />
            ...
        <frame src="url" />
    </frameset>
</html>
```

2.7.2 <Frameset>标签

该标签是框架设计标签,成对使用。首尾标签之间的内容就是使用到框架的HTML主体部分。在使用框架的HTML文档中不能出现<body>标签,否则会导致浏览器忽略所有的框定义而只显示<body>和</body>之间的内容。

<Frameset>标签作用是将窗口分割为若干个子窗口,子窗口的数目取决于嵌套在该标签中<Frame>标签的书目。其基本属性如下所示:

①COLS=col-widths:垂直切割画面。

②ROWS=row-heights:横向切割画面。

③COLS&ROWS:混合框架,将窗口纵横分成几个窗口,用<frameset>代替<frame>。

rows和cols分别用来确定两个子窗口的高度和宽度,格式为:

```
<Frameset rows="值1,值2,…,值n">;
<Framest cols="值1,值2,…,值n">.
```

各参数之间以逗号分隔,依次表示各个子窗口的高度(宽度)。这两个属性的参数值可以是数字、百分数或符号“*”。

- 数字。表示子窗口高度(宽度)所占的像素点数。
- 百分数。表示子窗口高度(宽度)占整个浏览器窗口高度(宽度)的百分比。
- 符号“*”。当符号*只出现一次,即其他子窗口的大小都有明确的定义时,表示该子窗口的大小将根据浏览器窗口的大小而自动调整。当符号*出现一次以上时,表示按比例分

割浏览器窗口的剩余空间。例如:

```
<Frameset cols = "40% ,2 * , * " >
```

表示将浏览器窗口分割为 3 列。第一个子窗口在第一列,窗口宽度为整个浏览器窗口宽度的 40% ;第二个子窗口在第二列,占浏览器窗口剩余空间的 2/3,即其宽度为整个浏览器窗口宽度的 40% ;第三个子窗口占剩余空间的 1/3,宽度为整个浏览器窗口宽度的 20% 。

2.7.3 <frame>标签

HTML 用 <frame> 标签来标识子窗口。 <frame> 标签是嵌套在框架设置标签——<Frameset>标签中来使用的单独标签。在 <Frameset> 中定义了多少个子窗口,就要有多少个 <frame> 标签与之匹配,依次定义各个窗口的性质。 <frame> 标签有 7 个属性,除 SRC 属性是不可缺省的外,其他属性都是可选的。

①SRC 属性。该属性用以定义子窗口的名称。

②. name 属性。该属性用以定义子窗口的名称。

③frameboder 属性。该属性的参数值为 1 或 0。当参数值为 1 时,表示该子窗口有边框,为 0 时没有边框。该属性缺省值为 1。

④bordercolor 属性。该属性用以规定子窗口的边框颜色。如果在一个以上的 <frame> 标签中定义了子窗口的边框颜色,则以第一次指定的颜色为标准。在指定边框颜色时,可以使用颜色的 RBG 代码或直接使用与该颜色相对应的英文单词。bordercolor 属性的参数值可以是 16 种颜色中的任意一种。

⑤scrolling 属性。该属性的参数值为 yes,no 或 auto 之一。参数值为 yes 时,表示该子窗口始终有滚动条;为 no 时,表示始终没有滚动条;为 auto 时,表示当文档的内容超出窗口范围时,浏览器自动为该子窗口添加滚动条。scolling 属性的缺省值为 auto。

⑥maginwidth 和 marginwidht 属性。这两个属性是用来指定显示内容与窗口边界之间的空白距离大小的。其中,maginwidth 属性用于确定显示内容与左右边界之间的距离;maginwidht 用来确定显示内容与上下边界之间的距离。这两个属性的参数值都是数字,分别表示左右边距所占的像素点数。

知识链接:目标窗口的交叉链接

为了方便用户进行搜索和浏览,网页设计者经常用一系列锚标组成的索引目录显示在一个子窗口中,而将锚标所指向的内容放在另一个子窗口中。显示锚标的子窗口通常称为“源窗口”,显示目标文档的窗口则称为“目标窗口”。

设置框架集中 <frame> 标签的 name 属性用于定义目标窗口的名称,然后再修改显示在源窗口中的文档,在文档中所有的 <A> 标签中添加语句 target = "目标窗口名称" 来指定目标文档的显示位置。

基本语法:

```
<a href = " index. htm"  target = " mainframe" >家乡风光 </a >
```

其中,target 指向的是 name = mainframe 的 iframe 或者 frame 窗口。

下面所示的 list. html 网页中定义了一系列锚标,这些超级链接锚标链接到对应的页面,target 属性表明链接的页面出现的窗口。文档的内容如下:

```
<html>
    <body>
        <P> <A href = "framea. html"  target = "mainframe" >Frame a</A> <P>
        <A href = "frameb. html"  target = "mainframe" >Frame b</A> <P>
        <A href = "framec. html"  target = "mainframe" >Frame c</A> <P>
    </body>
  </html>
```

下面展示的网页表现为一个两列的框架页,其中右侧的框架 frame 具有 name = mainframe 的属性。

```
  <html>
  <frameset cols = "120, * " >
    <frame src = "list. html" >
    <frame src = "mainframe. html"  name = "mainframe" >
  </frameset>
  </html>
```

当用户点击锚标“Frame a”后,浏览器将在目标文档显示在右侧 mainframe 框架内,具体显示效果如图 2.22 所示。

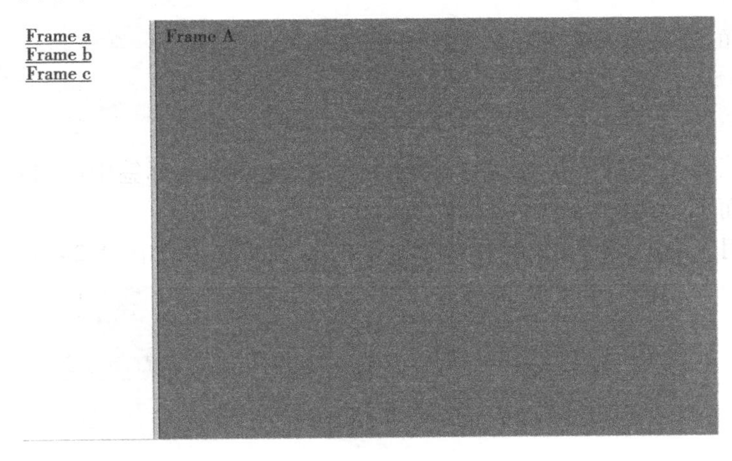

图 2.22 目标窗口显示效果

2.7.4 <noframes>标签

使用该标签可以在用户浏览器不支持框架显示时告之用户一些相关信息,以免浏览者对空白窗口画面感觉莫名其妙。<noframes>标签是成对使用的。首尾标签之间的内容就是告之浏览者的信息,如“如您看到空白的画面说明您的浏览器不支持框架显示”。虽然常用的两中浏览器 IE 和 NC 都是支持框架显示的,但为了加强文档的适用性,设计者最好还是养成使用这个标签的习惯。

接下来,用四个示例对框架的应用作详细讲解。

示例一:使用三份不同的文档制作一个垂直框架,效果如图 2.23 所示。

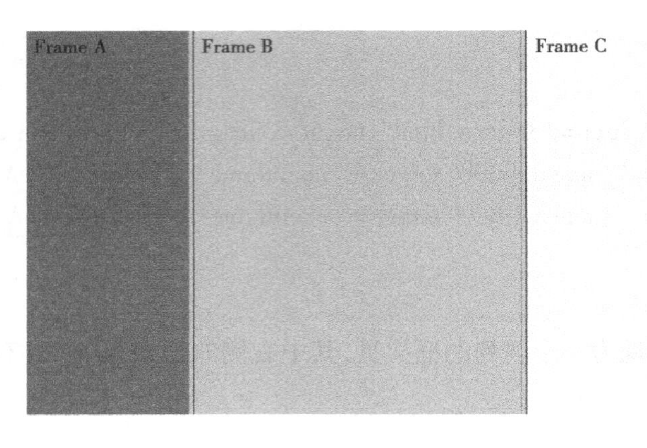

图 2.23　三列的垂直框架

```
<html>
<frameset cols="25%,50%,25%">
  <frame src="/example/html/frame_a.html">
  <frame src="/example/html/frame_b.html">
  <frame src="/example/html/frame_c.html">
</frameset>
<noframes>
<body>您的浏览器无法处理框架! </body>
</noframes>
</html>
```

注意:当浏览器不支持框架显示时,将会显示 <noframes> 标签中的内容“您的浏览器无法处理框架!”,而不呈现框架结构。

示例二:使用三份不同的文档制作一个水平框架,显示效果如图 2.24 所示。

图 2.24　三行的水平框架

```
<html>
<frameset rows="25%,50%,25%">
  <frame src="/example/html/frame_a.html">
```

```
    <frame src="/example/html/frame_b.html">
    <frame src="/example/html/frame_c.html">
</frameset>
</html>
```

示例三:含有三份文档的“厂字型”框架结构,显示效果如图 2.25 所示。

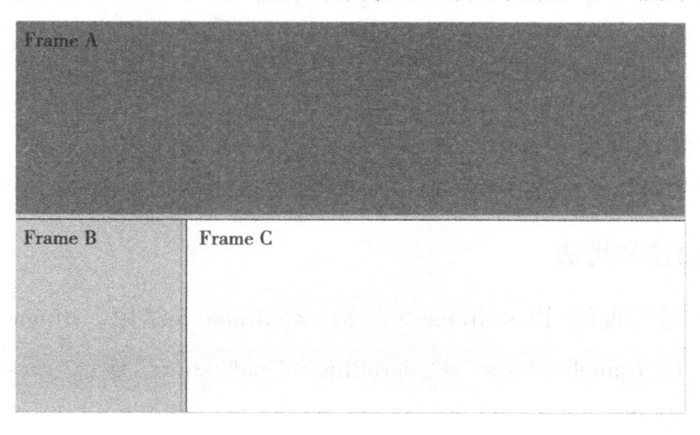

图 2.25 “厂字型”框架结构

```
<html>
<frameset rows="50%,50%">
<frame src="/example/html/frame_a.html">
<frameset cols="25%,75%">
<frame src="/example/html/frame_b.html">
<frame src="/example/html/frame_c.html">
</frameset>
</frameset>
</html>
```

示例四:含有 noresize="noresize" 属性的框架结构。在本例中,框架是不可调整尺寸的。在框架间的边框上拖动鼠标,边框无法移动,具体显示效果如图 2.26 所示。

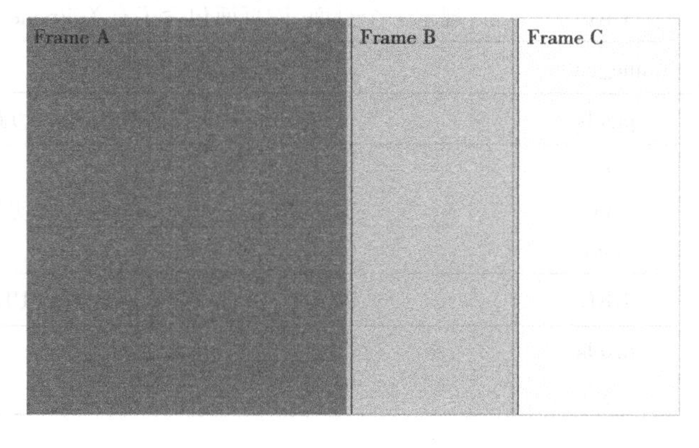

图 2.26 不可调整框架大小

```
<html>
<frameset cols="50%,*,25%">
  <frame src="/example/html/frame_a.html" noresize="noresize" />
  <frame src="/example/html/frame_b.html" />
  <frame src="/example/html/frame_c.html" />
</frameset>
</html>
```

知识链接:关于浮动框架 iframe

浮动框架,类似于在一个文档中又嵌入一个文档,或者可以理解为一个浮动的 frame。

2.7.5 iframe 语法和用法

iframe 标签是成对出现的,以 <iframe> 开始,</iframe> 结束。iframe 的基本语法为:

```
<iframe id="iframe1" frameborder="0" scrolling="no" src="地址"></iframe>
```

其基本属性见表 2.24。

表 2.24 iframe 属性描述

属 性	值	描 述
align	left right top middle bottom	不赞成使用。请使用样式代替。规定如何根据周围的元素来对齐此框架
frameborder	1 0	规定是否显示框架周围的边框
height	pixels	规定 iframe 的高度
marginwidth	pixels	定义 iframe 的左侧和右侧的边距
longdesc	URL	规定一个页面,该页面包含了有关 iframe 的较长描述
name	frame_name	规定 iframe 的名称
marginheight	pixels	定义 iframe 的顶部和底部的边距
scrolling	yes no auto	规定是否在 iframe 中显示滚动条
src	URL	规定在 iframe 中显示文档的 URL
width	pixels %	定义 iframe 的宽度

注意:在 HTML4.1 Strict DTD 和 XHTML 1.0 Strict DTD 中,不支持 iframe 元素。

提示:可以把需要的文本放置在<iframe>和</iframe>之间,这样就可以应对无法理解iframe的浏览器。示例代码如下所示:

```
<iframe src="index.html" width="200" height="500">
本页面使用了框架技术,但是您的浏览器不支持框架,请升级您的浏览器以便正常访问本页面。
</iframe>
```

2.7.6 透明 iframe

iframe底色通常会是白色,在不同浏览器下可能会有不同的颜色。如果主页面有一个整体的背景色或者背景图片的时候,iframe区域便会出现一个白色块,与主体页面不协调,这就需要iframe透明。

基本语法:

```
style="background-color=transparent"
```

为了让大家对透明iframe的实现有更深刻的了解,以下呈现了四种IFRAME的写法,其中第二种写法代表透明iframe。代码如下:

```
<IFRAME ID="Frame1" SRC="index.htm" allowTransparency="true"></IFRAME>
<IFRAME ID="Frame2" SRC="index.htm" allowTransparency="true" STYLE="background-color: green"></IFRAME>
<IFRAME ID="Frame3" SRC="index.htm"></IFRAME>
<IFRAME ID="Frame4" SRC="index.htm" STYLE="background-color: green"></IFRAME>
```

2.8 多媒体

现在许多网站都提供视频。但直到现在,仍然不存在一项在网页上显示视频的标准,大多数视频是通过插件(比如Flash)来显示的。然而,并非所有浏览器都拥有同样的插件,并且Flash插件因为其安全性问题容易导致网页漏洞,且开发需要掌握专门的语言才能完成,其复杂性一直饱受诟病。网页标准发展到今天,HTML5中提供了一系列用于音频和视频播放的机制,使得网页上控制多媒体元素变得越来越容易。下面就开始介绍HTML5中的多媒体标签。

2.8.1 HTML 5 视频

HTML5规定了一种通过video元素来包含视频的标准方法。<video>标签的属性见表2.25。

当前,video元素支持三种视频格式在浏览器中的支持情况见表2.26。

表 2.25 <video>标签的属性

属　性	值	描　述
autoplay	autoplay	如果出现该属性,则视频在就绪后马上播放
controls	controls	如果出现该属性,则向用户显示控件,比如播放按钮
height	pixels	设置视频播放器的高度
loop	loop	如果出现该属性,则当媒介文件完成播放后再次开始播放
preload	preload	如果出现该属性,则视频在页面加载时进行加载,并预备播放。如果使用 autoplay 属性,则忽略该属性
src	url	要播放视频的 URL
width	pixels	设置视频播放器的宽度

表 2.26 浏览器支持情况

格　式	IE	Firefox	Opera	Chrome	Safari
Ogg	No	3.5 +	10.5 +	5.0 +	No
MPEG 4	9.0 +	No	No	5.0 +	3.0 +
WebM	No	4.0 +	10.6 +	6.0 +	No

- Ogg = 带有 Theora 视频编码和 Vorbis 音频编码的 Ogg 文件;
- MPEG4 = 带有 H.264 视频编码和 AAC 音频编码的 MPEG 4 文件;
- WebM = 带有 VP8 视频编码和 Vorbis 音频编码的 WebM 文件。

在 HTML5 中显示视频,需要代码如下所示:

```
<video src="movie.ogg" controls="controls">
</video>
```

其中,control 属性供添加播放、暂停和音量控件。

<video>与</video>之间插入的内容是供不支持 video 元素的浏览器显示的,代码如下所示:

```
<video src="movie.ogg" width="320" height="240" controls="controls">
Your browser does not support the video tag.
</video>
```

上面的例子使用一个 Ogg 文件,适用于 Firefox、Opera 以及 Chrome 浏览器。要确保适用于 Safari 浏览器,视频文件必须是 MPEG4 类型。

video 元素允许多个 source 元素。source 元素可以链接不同的视频文件。浏览器将使用第一个可识别的格式,代码如下所示:

```
<video width="320" height="240" controls="controls">
<source src="movie.ogg" type="video/ogg">
```

```
<source src = "movie. mp4"  type = "video/mp4" >
Your browser does not support the video tag.
</video >
```

Internet Explorer 8 不支持 video 元素。在 IE 9 中，将提供对使用 MPEG4 的 video 元素的支持。

2.8.2　HTML 5 音频

HTML5 规定了一种通过 audio 元素来包含音频的标准方法。audio 元素能够播放声音文件或者音频流。<audio>标签的属性见表 2.27。

表 2.27　<audio>标签的属性

属　性	值	描　述
autoplay	autoplay	如果出现该属性，则音频在就绪后马上播放
controls	controls	如果出现该属性，则向用户显示控件，比如播放按钮
loop	loop	如果出现该属性，则每当音频结束时重新开始播放
preload	preload	如果出现该属性，则音频在页面加载时进行加载，并预备播放。如果使用 autoplay 属性，则忽略该属性
src	url	要播放音频的 URL

当前，audio 元素支持三种音频格式，见表 2.28。

表 2.28　audio 元素支持的三种音频格式

	IE 9	Firefox 3.5	Opera 10.5	Chrome 3.0	Safari 3.0
Ogg Vorbis		√	√	√	
MP3	√			√	√
Wav		√	√		√

在 HTML5 中播放音频，需要代码如下所示：

```
<audio src = "song. ogg"  controls = "controls" >
</audio >
```

其中，control 属性供添加播放、暂停和音量控件。

<audio>与</audio>之间插入的内容是供不支持 audio 元素的浏览器显示，代码如下：

```
<audio src = "song. ogg"  controls = "controls" >
Your browser does not support the audio tag.
</audio >
```

上面的例子使用一个 Ogg 文件，适用于 Firefox、Opera 以及 Chrome 浏览器。要确保适用于 Safari 浏览器，音频文件必须是 MP3 或 Wav 类型。

audio 元素允许多个 source 元素。source 元素可以链接不同的音频文件。浏览器将使用第一个可识别的格式,代码如下所示:

```
<audio controls = "controls" >
<source src = "song. ogg" type = "audio/ogg" >
<source src = "song. mp3" type = "audio/mpeg" >
Your browser does not support the audio tag.
</audio >
```

Internet Explorer 8 不支持 audio 元素。在 IE 9 中,将提供对 audio 元素的支持。

2.9 画　布

在 HTML5 页面里,面布(canvas)就是像 <div>, <a> 或 <table> 之类的一种标签,所不同的是,canvas 需要用 JavaScript 来渲染。要使用 canvas,需要在 HTML5 文件的适当位置添加 canvas 标签,然后创建一个 JavaScript 初始化函数,使这个函数在页面加载的时候就执行,同时在函数里用调用 HTML5 Canvas API 在 canvas 上画图就可以了。canvas 拥有多种绘制路径、矩形、圆形、字符以及添加图像的方法。

比如可以像下面这样添加一个 id 为 myCanvas 的 canvas 标签,规定元素的 id、宽度和高度:

```
<body >
<canvas id = "myCanvas" width = "200" height = "100" > </canvas >
</body >
```

canvas 元素本身是没有绘图能力的。所有的绘制工作必须在 JavaScript 内部完成。getContext()方法可返回一个对象,该对象提供了用于在画布上绘图的方法和属性。以下是使用 JavaScript 绘制图形的过程,更多关于 JavaScript 的知识将在第 4 章进行讲解。

```
<script type = "text/javascript" >
var c = document. getElementById( "myCanvas" ) ;
var cxt = c. getContext( "2d" ) ;
cxt. fillStyle = "#FF0000" ;
cxt. fillRect(0,0,150,75) ;
</script >
```

JavaScript 使用 id 来寻找 canvas 元素:

```
var c = document. getElementById( "myCanvas" ) ;
```

然后,创建 context 对象:

```
var cxt = c. getContext( "2d" ) ;
```

getContext("2d")对象是内建的 HTML5 对象,拥有多种绘制路径、矩形、圆形、字符以及添加图像的方法。

下面的两行代码绘制一个红色的矩形：

```
cxt.fillStyle = "#FF0000";
cxt.fillRect(0,0,150,75);
```

其中，fillStyle 方法将其染成红色，fillRect 方法规定了形状、位置和尺寸。

上面的 fillRect 方法拥有参数(0,0,150,75)。意思是在画布上绘制 150×75 的矩形，从左上角(0,0)开始。

如图 2.27 所示，画布的 X 和 Y 坐标用于在画布上对绘画进行定位。

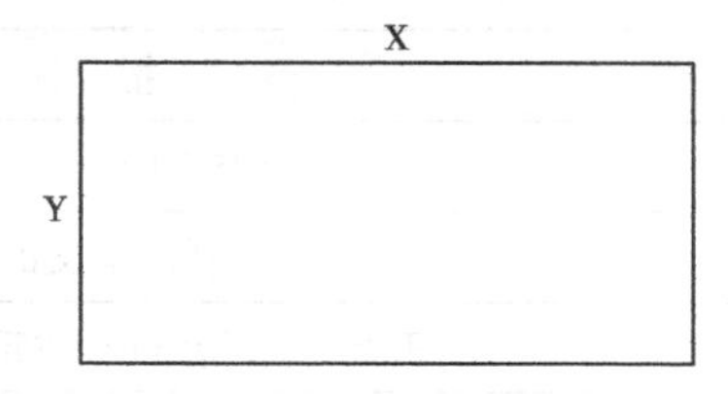

图 2.27　绘制矩形

2.9.1　canvas 的属性和方法

canvas 标签提供了一系列用于绘制图形的属性和方法，见表 2.29 至表 2.38。

表 2.29　颜色、样式和阴影

属　性	描　述
fillStyle	设置或返回用于填充绘画的颜色、渐变或模式
strokeStyle	设置或返回用于笔触的颜色、渐变或模式
shadowColor	设置或返回用于阴影的颜色
shadowBlur	设置或返回用于阴影的模糊级别
shadowOffsetX	设置或返回阴影距形状的水平距离
shadowOffsetY	设置或返回阴影距形状的垂直距离
createLinearGradient()	创建线性渐变(用在画布内容上)
createPattern()	在指定的方向上重复指定的元素
createRadialGradient()	创建放射状/环形的渐变(用在画布内容上)
addColorStop()	规定渐变对象中的颜色和停止位置

表 2.30　线条样式

属　性	描　述
lineCap	设置或返回线条的结束端点样式
lineJoin	设置或返回两条线相交时，所创建的拐角类型
lineWidth	设置或返回当前的线条宽度
miterLimit	设置或返回最大斜接长度

表 2.31 矩 形

方 法	描 述
rect( )	创建矩形
fillRect( )	绘制“被填充”的矩形
strokeRect( )	绘制矩形(无填充)
clearRect( )	在给定的矩形内清除指定的像素

表 2.32 路 径

方 法	描 述
fill( )	填充当前绘图(路径)
stroke( )	绘制已定义的路径
beginPath( )	开始一条新路径,或重置当前路径
moveTo( )	把路径移动到画布中的指定点,不创建线条
closePath( )	创建从当前点回到起始点的路径
lineTo( )	添加一个新点,然后在画布中创建从该点到最后指定点的线条
clip( )	从原始画布剪切任意形状和尺寸的区域
quadraticCurveTo( )	创建二次方贝塞尔曲线
bezierCurveTo( )	创建三次方贝塞尔曲线
arc( )	创建弧/曲线(用于创建圆形或部分圆)
arcTo( )	创建两切线之间的弧/曲线
isPointInPath( )	如果指定的点位于当前路径中,则返回 true,否则返回 false

表 2.33 转 换

方 法	描 述
scale( )	缩放当前绘图至更大或更小
rotate( )	旋转当前绘图
translate( )	重新映射画布上的(0,0)位置
transform( )	替换绘图的当前转换矩阵
setTransform( )	将当前转换重置为单位矩阵,然后运行 transform( )

表 2.34 文 本

属 性	描 述
font	设置或返回文本内容的当前字体属性
textAlign	设置或返回文本内容的当前对齐方式

续表

属 性	描 述
textBaseline	设置或返回在绘制文本时使用的当前文本基线
fillText( )	在画布上绘制“被填充的”文本
strokeText( )	在画布上绘制文本(无填充)
measureText( )	返回包含指定文本宽度的对象

表2.35 图像绘制

方 法	描 述
drawImage( )	向画布上绘制图像、画布或视频

表2.36 像素操作

属 性	描 述
width	返回 ImageData 对象的宽度
height	返回 ImageData 对象的高度
data	返回一个对象,其包含指定的 ImageData 对象的图像数据
createImageData( )	创建新的、空白的 ImageData 对象
getImageData( )	返回 ImageData 对象,该对象为画布上指定的矩形复制像素数据
putImageData( )	把图像数据(从指定的 ImageData 对象)放回画布上

表2.37 合 成

属 性	描 述
globalAlpha	设置或返回绘图的当前 alpha 值或透明值
globalCompositeOperation	设置或返回新图像如何绘制到已有的图像上

表2.38 其 他

方 法	描 述
save( )	保存当前环境的状态
restore( )	返回之前保存过的路径状态和属性
createEvent( )	
getContext( )	
toDataURL( )	

2.9.2 绘制线条

通过指定从何处开始、在何处结束来绘制一条线,如图2.28所示。

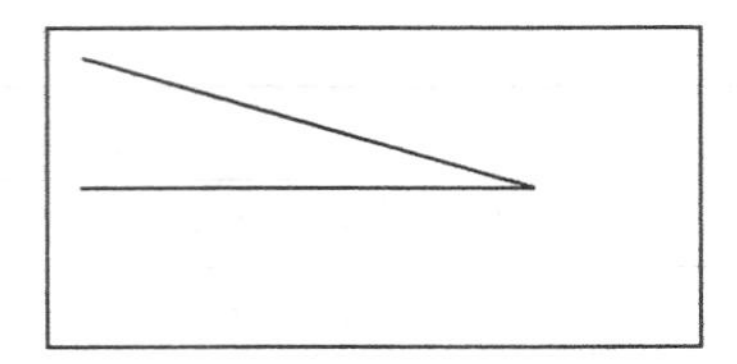

图 2.28　绘制一条线

JavaScript 代码:

```
<script type="text/javascript">
var c=document.getElementById("myCanvas");
var cxt=c.getContext("2d");
cxt.moveTo(10,10);
cxt.lineTo(150,50);
cxt.lineTo(10,50);
cxt.stroke();

</script>
```

canvas 元素:

```
<canvas id="myCanvas" width="200" height="100" style="border:1px solid #c3c3c3;">
Your browser does not support the canvas element.
</canvas>
```

2.9.3　绘制圆形

通过规定尺寸、颜色和位置来绘制一个圆,如图 2.29 所示。

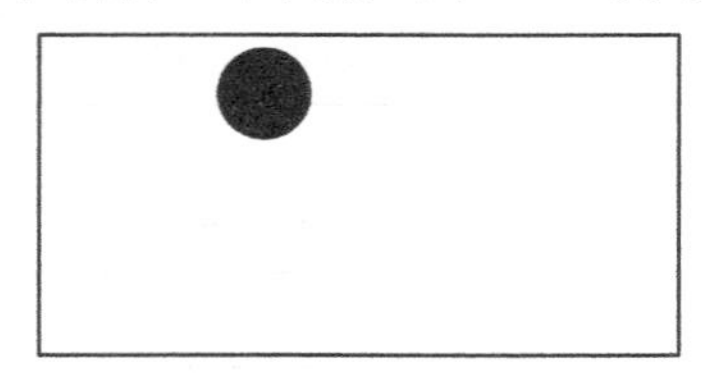

图 2.29　绘制一个圆

JavaScript 代码:

```
<script type="text/javascript">


var c=document.getElementById("myCanvas");
var cxt=c.getContext("2d");
cxt.fillStyle="#FF0000";
cxt.beginPath();
```

```
cxt.arc(70,18,15,0,Math.PI * 2,true);
cxt.closePath();
cxt.fill();

</script>
```

canvas 元素：

```
<canvas id="myCanvas" width="200" height="100" style="border:1px solid #c3c3c3;">
Your browser does not support the canvas element.
</canvas>
```

2.9.4　绘制渐变

使用指定的颜色来绘制渐变背景，如图 2.30 所示。

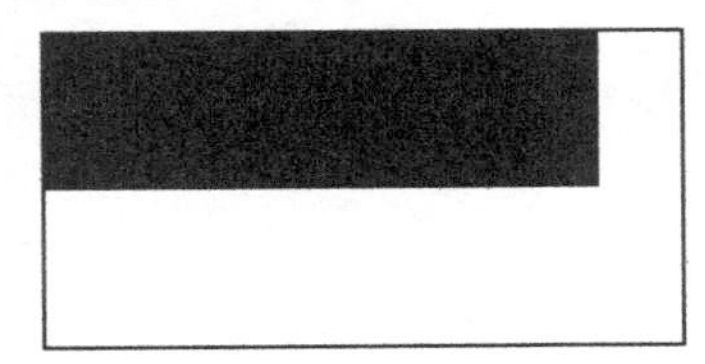

图 2.30　绘制渐变背景

JavaScript 代码：

```
<script type="text/javascript">

var c=document.getElementById("myCanvas");
var cxt=c.getContext("2d");
var grd=cxt.createLinearGradient(0,0,175,50);
grd.addColorStop(0,"#FF0000");
grd.addColorStop(1,"#00FF00");
cxt.fillStyle=grd;
cxt.fillRect(0,0,175,50);

</script>
```

canvas 元素：

```
<canvas id="myCanvas" width="200" height="100" style="border:1px solid #c3c3c3;">
Your browser does not support the canvas element.
</canvas>
```

2.9.5 绘制图像

把一幅图像放置到画布上,如图 2.31 所示。

图 2.31 绘制一幅图像

JavaScript 代码:

```
<script type="text/javascript">

var c=document.getElementById("myCanvas");
var cxt=c.getContext("2d");
var img=new Image()
img.src="flower.png"
cxt.drawImage(img,0,0);

</script>
```

canvas 元素:

```
<canvas id="myCanvas" width="200" height="100" style="border:1px solid #c3c3c3;">
Your browser does not support the canvas element.
</canvas>
```

第3章 CSS3

HTML 标签原本被设计为用于定义文档内容。通过使用 < h1 >、< p >、< table > 这样的标签,HTML 的初衷是表达“这是标题”“这是段落”“这是表格”之类的信息。同时文档布局由浏览器来完成,而不使用任何的格式化标签。由于两种主要的浏览器(Netscape 和 Internet Explorer)不断地将新的 HTML 标签和属性(比如字体标签和颜色属性)添加到 HTML规范中,文档内容清晰地独立于文档表现层的站点变得越来越困难。为了解决内容与表现分离的问题,万维网联盟(W3C)这个非营利的标准化联盟,肩负起了 HTML 标准化的使命,并在 HTML 4.0 之外创造出 CSS 样式(Style),版本为 CSS2。所有的主流浏览器均支持层叠样式表。

3.1 CSS3 简介

CSS 指层叠样式表(Cascading Style Sheets),它是一种用来表现 HTML(标准通用标记语言的一个应用)或 XML(标准通用标记语言的一个子集)等文件样式的计算机语言。在主页制作时采用 CSS 技术,可以有效地对页面的布局、字体、颜色、背景和其他效果实现进行更加精确的控制。

早在 2001 年 5 月,W3C 就着手开始准备开发 CSS 第三版规范。CSS 庞大且比较复杂,CSS3 把 CSS 分解为一些小的模块,更多新的模块也被加入进来。CSS3 中的模块包括盒子模型、列表模块、超链接方式、语言模块、背景和边框、文字特效、多栏布局等。

3.1.1 CSS3 的更新

CSS3 在发展中在以下方面进行了改进,减少了网页中图片的使用,下面作简单介绍:

①圆角:对应属性为 border-radius。

②文字特效:以往对网页上的文字加特效只能用 filter 这个属性。CSS3 中专门指定了一个加文字特效的属性,而且不止加阴影这种效果。对应属性为 font-effect。

③文字样式:丰富了链接下划线的样式。以往的下划线都是直线,CSS3 中有波浪线、点

线、虚线等,更可对下划线的颜色和位置进行任意改变(还有对应顶线和中横线的样式,效果与下划线类似)。对应属性为 text-underline-style,text-underline-color,text-underline-mode,text-underline-position。

④重点字:即在文字下打几个点或打个圈以示重点,CSS3 也开始加入了这项功能,这在某些特定网页上很有用。对应属性为 font-emphasize-style 和 font-emphasize-position。

⑤边框。CSS3 中添加的控制边框的样式如下:

- border-color:控制边框颜色,并且有了更大的灵活性,可以产生渐变效果;
- border-image:控制边框图像;
- border-corner-image:控制边框边角的图像。

⑥文字投影:对应属性为 text-shadow。

⑦文字溢出:对应属性为 text-overflow。当文字溢出时,用"..."提示。包括 ellipsis、clip、ellipsis-word、inherit,前两个 CSS2 就有了。ellipsis-word 可以省略掉最后一个单词,对中文意义不大,inherit 可以继承父级元素。

⑧动画属性:包括变形(transform)、转换(transition)和动画(animation)。

⑨用户界面:对应属性为 resize。可以由用户自己调整 div 的大小,有 horizontal(水平)、vertical(垂直)或者 both(同时),或者同时调整。如果再加上 max-width 或 min-width,还可以防止破坏布局。

⑩媒体选择:对应属性为 mediaqueries,可以为网页中不同的对象设置不同的浏览设备。比如可以为某一块分别设置屏幕浏览样式和手机浏览样式,以前则只能设置整个网页。

⑪多列布局:对应属性为 multi-columnlayout,让文字以多列显示,包括 column-width、column-count、column-gap 三个值。

- column-width:指定每列宽度;
- column-count:指定列数;
- column-gap:指定每列之间的间距。

⑫列间控制。

- column-rule-color:控制列间的颜色;
- column-rule-style:控制列间的样式;
- column-rule-width:控制列间的宽度;
- column-space-distribution:平均分配列间距。

CSS3 相对于以往版本主要的变化是将可以使用新的可用的选择器和属性,以实现新的设计效果(譬如动态和渐变),而且可以很简单地设计出现在的设计效果(比如使用分栏)。CSS3 完全向后兼容,因此设计者不必改变现有的设计。浏览器通常支持 CSS2,W3C 仍然在对 CSS3 规范进行开发。CSS3 规范的全面推广和支持看起来还遥遥无期,但是目前主流浏览器都已迫不及待地开始支持 CSS3 部分特性了。

3.1.2 CSS 工作原理

当设计出 HTML 页面的结构后,HTML 的样式就需要利用 CSS 添加。样式通过何种机制对 HTML 元素的表现进行定义,这就需要我们对 CSS 的工作原理进行了解。

每个HTML元素都有样式属性,可以通过CSS来设定。这些属性涉及元素在屏幕上显示的不同方面,比如在屏幕上位置、边框的宽度,文本内容的字体、字号和颜色,等等。CSS就是一种先选择HTML元素,然后设定选中元素CSS属性的机制。CSS选择符和要应用的样式构成了一条CSS规则。来看下面一个例子:

```
<!DOCTYPE html>
<html>
    <head>
        <meta http-equiv="Content-Type" content="text/html;charset=UTF-8" />
        <title>HTML5 Template</title>
        <style>
            /* CSS 规则放在<style>标签中 */
        </style>
    </head>
    <body>
        <! --HTML 元素放在<body>标签中-- >
    </body>
</html>
```

可以看出CSS和HTML注释之间的区别。代码里包含一个HTML的<style>标签,通过这个标签可以把CSS样式直接写在文档中(即把CSS样式嵌入文档中),浏览器会负责把<style>标签中的CSS样式应用给<body>标签中的HTML元素(甚至包括<html>标签)。

3.1.3 CSS 规则

CSS规则实际上就是一条完成CSS的指令,它规定了将什么样的样式应用到哪个元素。一条CSS规则由选择符和声明两部分组成,声明又由属性和值两部分组成。书写形式如下:

CSS规则由两个主要的部分构成:选择器,以及一条或多条声明。

```
selector {declaration1; declaration2; ... declarationN }
```

在{}之前的部分就是“选择器”(selector)。“选择器”指明了{}中的“样式”的作用对象,也就是“样式”作用于网页中的哪些元素。

选择器通常是需要改变样式的HTML元素,每条声明由一个属性和一个值组成。属性(property)是设置的样式属性(style attribute)。每个属性有一个值。属性和值被冒号分开。

```
selector {property: value}
```

下面这行代码的作用是将h1元素内的文字颜色定义为红色,同时将字体大小设置为14像素。在这个例子中,h1是选择器,color和font-size是属性,red和14 px是值。

```
h1{color:red;font-size:14px;}
```

上面这段代码的结构如图3.1所示。

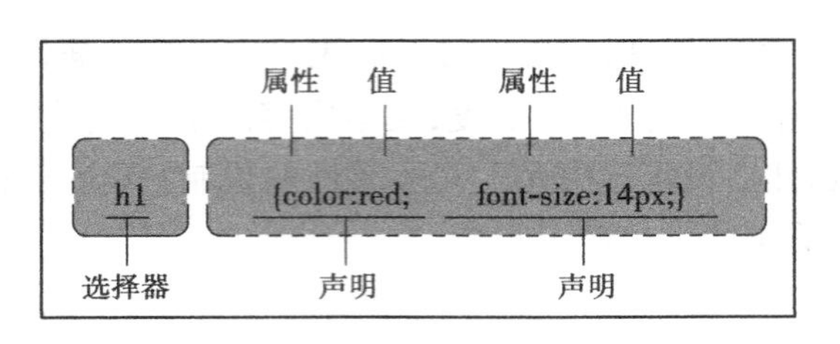

图 3.1　CSS 语法解释

提示:请使用花括号来包围声明。

对于一个基本结构有如下三种扩展方式:

- 多个声明包含在一条规则中,多个属性以;分隔。

```
P{color:red;font-weight:bold;font-size:20px;}
```

- 多个选择符组合使用同一个声明。如下示例对 h1、h2、h3 内的文本字体都加粗。

```
h1,h2,h3{font-weight:bold;}
```

- 多条规则应用到一个选择符。如下示例首先将 p 和 h1 内的文本颜色设置成蓝色,再将 h1 内的文本加粗。

```
p,h1{color:blue;}
h1{font-weight:bold;}
```

3.2　样式添加方式

给元素添加样式的方式主要有三种:行内样式、内嵌样式和外部样式。

3.2.1　行内样式

行内样式,顾名思义就是写在 HTML 行内部的样式。要使用内部样式,需要在相关的标签内使用样式(style)属性。style 属性可以包含任何 CSS 属性。

语法格式如下:

```
<标签名称 style="样式属性:属性值;样式属性:属性值;..." >
```

本例展示如何改变段落的颜色和左外边距:

```
<p style="color: sienna; margin-left: 20px" >
    This is a paragraph
</p>
```

行内样式的作用范围非常有限,只能作用于所在的标签,但它的优先级是最高的。对同一个标签样式的三种定义,最终行内样式会覆盖其余两种。

由于内联样式只影响被定义的标签,具有局部性,在每个需要样式的标签中都要进行定义,大量使用 style 属性会显著增加文档大小,使代码变得难以维护,所以尽量少用。

3.2.2　内嵌样式

内嵌样式就是这样的一种样式，它存放在标签 <style> 和 </style> 内，直接包含在 HTML 文档中。以这种方式使用的样式表必须出现在 HTML 文档的 head 部分中。内嵌样式的语法如下所示：

```
<head>
    <style type="text/css">
        Selector{属性名:属性值;属性名:属性值;……}
    </style>
</head>
```

示例代码如下所示：

```
<head>
    <style type="text/css">
        hr{color: sienna;}
        p{margin-left: 20px;}
        body{background-image: url("images/back40.gif");}
    </style>
</head>
```

以上代码表示的意思是：

①网页当中所有的 hr 便签都定义为 sienna 颜色；

②所有的段落 P 标签都距离左边 20 像素；

③整个网页设置 back40. gif 为背景图片。

内嵌样式的作用范围较行内样式大，作用于整个页面，优先级处于中间位置，对同一个标签样式的定义嵌入样式会覆盖链接样式，但是又被行内样式覆盖。只在本页面运用特殊样式不影响其余页面。

3.2.3　外部样式

当样式需要应用于很多页面时，外部样式表将是理想的选择。在使用外部样式表的情况下，可以通过改变一个文件来改变整个站点的外观。外部样式表可以在任何文本编辑器中进行编辑。文件不能包含任何的 HTML 标签。样式表应该以. css 扩展名进行保存。在 Dreamweaver 中可以新建单独的 CSS 样式文件，然后供 HTML 页面来调用，调用的方式有两种，一种是 link 方式，另一种是 import 方式，下面对这两种方式进行详细介绍。

(1) link 链接方式

每个页面使用 <link> 标签链接到样式表。<link> 标签在（文档的）头部：

```
<head>
    <link rel="stylesheet" type="text/css" href="mystyle.css" media="all" />
</head>
```

上面这个例子表示浏览器从 mystyle. css 文件中以文档格式读出定义的样式表。rel = "stylesheet"表示在页面中使用这个外部的样式表。type = "text/css"表示文件的类型是样式表文本。href = "mystyle. css"表示文件所在的位置。media 是选择媒体类型,这些媒体包括屏幕、纸张、语音合成设备、盲文阅读设备等。

(2)import **导入方式**

导入外部样式表是指在内部样式表的 <style> 里导入一个外部样式表,导入时用@ import。看下面这个实例:

```
<head>
……
    <style type="text/css">
    <!--
        @import "mystyle.css"
        其他样式表的声明
    -->
    </style>
……
</head>
```

例中@ import "mystyle. css"表示导入 mystyle. css 样式表,使用时需注意外部样式表的所在路径。使用本方式添加样式表的方法和链入样式表的方法很相似,但实质上相当于将样式表导入当前 HTML 文件中。

要注意的是,@ import 指令必须出现在样式表中其他样式之前,否则@ import 引用的样式表不会被加载。

(3)link **和** import **方式的区别**

①标签所属不一样。link 属于 XHTML 标签,而@ import 完全是 CSS 提供的一种方式。link 标签除了可以加载 CSS 外,还可以做很多其他的事情,比如定义 RSS、定义 rel 连接属性等,@ import 则只能加载 CSS。

②加载时间及顺序不同。使用 link 链接的 CSS 是客户端浏览网页时,先将外部的 CSS 文件加载到网页当中,然后再进行编译显示,所以这种情况下显示出来的网页跟我们预期的效果一样,即使一个页面 link 多个 CSS 文件,网速再慢也是一样的效果;而使用@ import 导入的 CSS 就不同了,客户端在浏览网页时是先将 HTML 的结构呈现出来,再把外部的 CSS 文件加载到网页当中,当然最终的效果跟前者是一样的,只是当网速较慢时会出现先显示没有 CSS 统一布局时的 HTML 网页,这样就会给阅读者很不好的感觉。这也是现在大部分网站的 CSS 都采用链接方式的最主要原因。

③兼容性不同。由于@ import 是 CSS2. 1 提出的,所以老版的浏览器不支持,@ import 只有在 IE5 以上的才能识别,而 link 标签无此问题。

④使用 dom 控制样式时出现问题。当使用 JavaScript 控制 dom 去改变样式的时候,只能使用 link 标签,因为@ import 不是 dom 可以控制的。

⑤导入样式(import)可以避免过多页面指向一个 CSS 文件。当网站中使用同一个 CSS 文

件的页面不是非常多时,这两种方式在效果方面几乎是相同的。但网站的页面数达到一定程度时(比如新浪等门户),采用链接的方式可能就会使得由于多个页面调用同一个 CSS 文件而造成速度下降,但是一般页面能达到这种程度的网站也会采用较好的硬盘,所以这方面的因素影响较小。

3.3　CSS3 选择器

选择器主要是用来确定 HTML 树形结构中的 DOM 元素节点。准确而简洁地运用 CSS 选择器会达到非常好的效果。设计者不必通篇给每一个元素定义类(class)或 ID,通过合适的组织,可以用最简单的方法实现同样的效果。CSS 选择器分开成三部分:

- 基本选择器
- 属性选择器
- 伪类选择器

常用的选择器如图 3.2 所示。

·	E	.class
#id	EF	E>F
E+F	E[attribute]	[attribute=value]
E[attribute=mvalue]	E[attributel=value]	:first-child
:lang()	:before	::before
:after	::after	:first-letter
::first-letter	:frist-line	::first-line
E[attribute^=value]	E[attribute$=value]	E[attribute*=value]
E–F	:root	:last-child
:only-child	:nth-child()	:nth-last-child()
:first-of-type	:last-of-type	:only-of-type
:nth-of-type()	:nth-last-of-type()	:empty
:not()	:target	:enabled
:disabled	:checked	

图 3.2　常用的选择器

为了更好地说明问题,先创建一个简单的 DOM 结构,如下所示:

```
<div class = "demo" >
    <ul class = "clearfix" >
        <li id = "first"  class = "first" >1 </li >
        <li class = "active important" >2 </li >
```

```
            <li class = "important items" >3 </li >
            <li class = "important" >4 </li >
            <li class = "items" >5 </li >
            <li >6 </li >
            <li >7 </li >
            <li >8 </li >
            <li >9 </li >
            <li id = "last"  class = "last" >10 </li >
        </ul >
</div >
```

给这个 demo 加上一些样式进行修饰：

```
.demo {
    width: 300px;
    border: 1px solid #ccc;
    padding: 10px;
}
li {
    float: left;
    height: 20px;
    line-height: 20px;
    width: 20px;
    -moz-border-radius: 10px;
    -webkit-border-radius: 10px;
    border-radius: 10px;
    text-align: center;
    background: #f36;
    color: green;
    margin-right: 5px;
}
```

效果如图 3.3 所示。

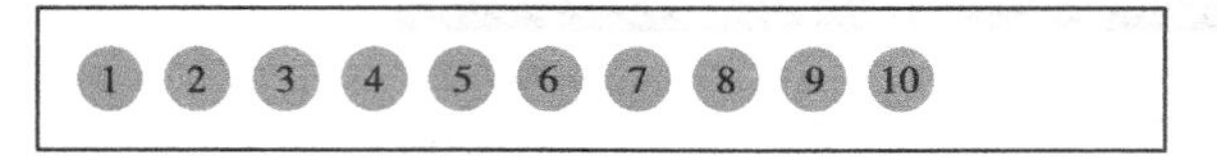

图 3.3　代码最初效果

3.3.1　基本选择器

基本选择器包括通配符选择器、元素选择器、类选择器、ID 选择器、后代选择器、子元素选择器、相邻元素选择器、通用兄弟选择器和群组选择器。下面对这些选择器一一进行介绍。

(1)**通配符选择器(*)**

通配符选择器可用来选择所有元素,也可以选择某个元素下的所有元素。如:

```
*{
    marigin: 0;
    padding: 0;
}
```

上面的代码表示:所有元素的 margin 和 padding 都设置为 0。另外一种就是选择某个元素下的所有元素:

```
.demo*{border:1px solid blue;}
```

效果如图 3.4 所示。

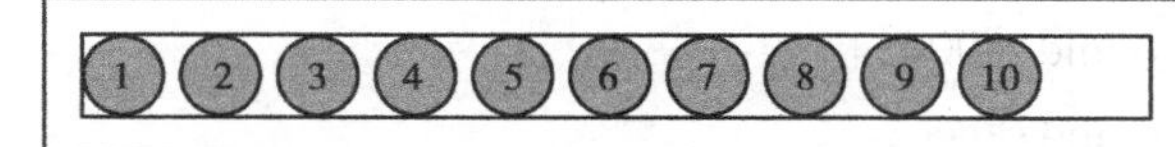

图 3.4　代码效果

从此效果图来看,只要是 div.demo 下的元素边框都加上了新的样式,所有浏览器支持通配符选择器。

(2)**元素选择器**(E)

元素选择器是 CSS 选择器中最常见且最基本的选择器。元素选择器其实就是文档的元素,如 html,body,p,div 等,比如下面这个示例中包括了 div,ul,li 等元素。

```
li {background-color: grey;color: orange;}
```

上面代码表示选择页面的 li 元素,并设置了背景色和前景色,效果如图 3.5 所示。

图 3.5　代码效果

所有浏览器支持元素选择器(E)。

(3)**类选择器**(.className)

类选择器是以独立于文档元素的方式来指定样式,使用类选择器之前需要在 HTML 元素上定义类名,换句话说,需要保证类名在 HTML 标记中存在,这样才能选择类,如:

```
<li class="active important items">2</li>
```

其中,“active,important, items”是给 li 加上的一个类名,以便类选择器能正常工作,从而更好地将类选择器的样式与元素相关联。下面代码表示给有 important 类名的元素加上字体为粗体、颜色为黄色的样式,效果如图 3.6 所示。

图 3.6　代码效果

```
.important {font-weight: bold; color: yellow;}
```

类选择器还可以结合元素选择器来使用，比如说，文档中有许多元素使用了类名“items”，若只想在 p 元素这个类名上修改样式，那么就可以如下所示进行选择并加上相应的样式：

```
p. items {color: red;}
```

上面的代码只会匹配 class 属性包含 items 的所有 p 元素，其他任何类型的元素都不匹配，包括有“items”这个类名却不是 P 标签的元素。

类选择器还可以具备多类名。如 li 元素中同时有两个或多少类名，它们以空格隔开，那么选择器也可以使用多类连接在一起，如：

```
. important{font-weight:bold;}
. active{color:green;background:lime;}
. items{color:#fff;background:#000;}
. important. items{background:#ccc;}
. first. last{color:blue;}
```

正如上面的代码所示，“. important. items”这个选择器只对元素中同时包含了“important”和“items”两个类才能起作用，如图 3.7 所示。

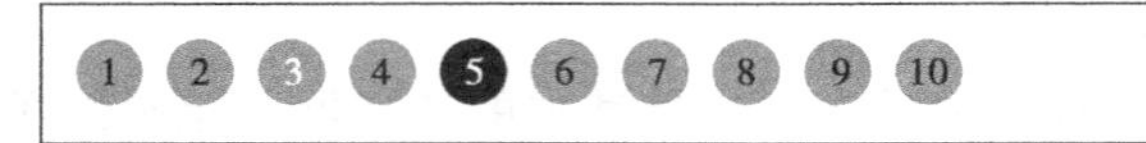

图 3.7　代码效果

有一点需要注意的是，如果一个多类选择器包含的类名中有一个不存在，那么这个选择器将无法找到相匹配的元素。比如下面这句代码，就无法找到相对应的元素标签，因为代码中只有一个 li. first 和一个 li. last，不存在一个叫 li. first. last 的列表项：

```
. first. last {color: blue;}
```

所有浏览器都支持类选择器，但多类选择器（. className1. className2）不被 IE6 浏览器支持。

（4）**ID 选择器**（#ID）

使用 ID 选择器之前，也需要先在 HTML 文档中加注 ID 名称，这样在样式选择器中才能找到相对应的元素，不同的是 ID 选择器是一个页面中唯一的值。在使用类选择器时，在相对应的类名前加上一个“. ”号（. className），而 ID 选择器是在名称前使用“#”，如（#id）。

```
#first {background: lime;color: #000;}
#last {background: #000;color: lime;}
```

上述代码选择了 ID 为“first”和“last”的列表项，其效果如图 3.8 所示。

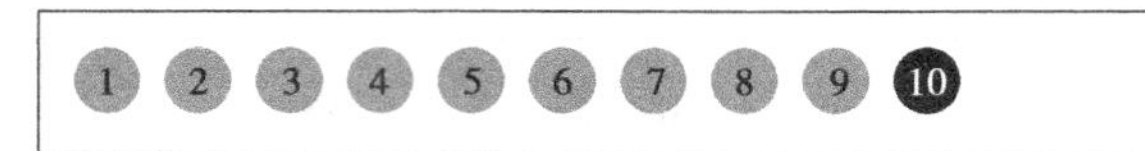

图 3.8　代码效果

ID 选择器有几个地方需要特别注意：

①一个文档中，一个 ID 选择器只允许使用一次，因为 ID 在页面中是唯一的；

②ID 选择器不能像类选择器一样多个合并使用，一个元素只能命名一个 ID 名；

③可以在不同的文档中使用相同的 ID 名。比如说，在“test. html”中给 h1 定义了“#important”，也可以给“test1. html”中定义 p 的 ID 为“#important”，但前提是不管在 test. html 还是 test1. html 中只允许有一个叫“#important”的 ID 名存在。

所有浏览器都支持 ID 选择器。

(5)**后代选择器**(E F)

后代选择器也被称作包含选择器，所起作用就是可以选择某元素的后代元素，比如说“E F”，前面 E 为祖先元素，F 为后代元素，所表达的意思就是选择了 E 元素的所有后代 F 元素，中间用一个空格隔开。这里 F 不管是 E 元素的子元素或者是孙元素或者是更深层次的关系，都将被选中。

```
.demo li {color: blue;}
```

上面代码表示，选中 div. demo 中所有的 li 元素，效果如图 3.9 所示。

图 3.9　代码效果

所有浏览器都支持后代选择器。

(6)**子元素选择器**(E > F)

子元素选择器只能选择某元素的子元素，其中 E 为父元素，而 F 为子元素，其中 E > F 表示选择了 E 元素下的所有子元素 F。这和后代选择器(E F)不一样。在后代选择器中，F 是 E 的后代元素，而子元素选择器 E > F，其中 F 仅仅是 E 的子元素。

```
ul >li {background: green;color: yellow;}
```

上面代码表示选择 ul 下的所有子元素 li，效果如图 3.10 所示。

图 3.10　代码效果

IE6 不支持子元素选择器。

(7)**相邻兄弟元素选择器**(E + F)

相邻兄弟选择器可以选择紧接在另一元素后的元素，而且它们具有一个相同的父元素。换句话说，E、F 两元素具有一个相同的父元素，而且 F 元素在 E 元素后面且相邻。

```
li + li {background: green;color: yellow; border: 1px solid #ccc;}
```

上面代码表示选择 li 的相邻元素 li，这里一共有 10 个 li，代码选择了从第 2 个 li 到第 10 个 li，一共 9 个，效果如图 3.11 所示。

因为 li + li 中第二个 li 是第一个 li 的相邻元素，第三个又是第二个相邻元素，因此第三个也被选择，以此类推，所以后面 9 个 li 都被选中了。当代码发生如下改变时：

图 3.11　代码效果

```
.active + li {background: green;color: yellow; border: 1px solid #ccc;}
```

按照前面所讲的知识,代码选择了 li.active 后面相邻的 li 元素,注意和 li.active 相邻的元素后面仅只有一个。效果如图 3.12 所示。

图 3.12　代码效果

IE6 不支持这个选择器。

(8)**通用兄弟选择器**(E ~ F)

通用兄弟元素选择器是 CSS3 新增加一种选择器。这种选择器将选择某元素后面的所有兄弟元素,它们也和相邻兄弟元素类似,需要在同一个父元素之中。示例代码如下:

```
.active ~ li{background: green;color: yellow; border: 1px solid #ccc;}
```

上面的代码表示选中了 li.active 元素后面的所有兄弟元素 li,如图 3.13 所示。

图 3.13　代码效果

IE6 不支持这种选择器的用法。

(9)**群组选择器**(selector1,selector2,…,selectorN)

群组选择器是将具有相同样式的元素分组在一起,每个选择器之间使用逗号","隔开,如上面所示 selector1,selector2,…,selectorN。下面来看一个简单的例子:

```
.first, .last {background: green;color: yellow; border: 1px solid #ccc;}
```

因为 li.first 和 li.last 具有相同的样式效果,所以把它们写到一个组里来,如图 3.14 所示。

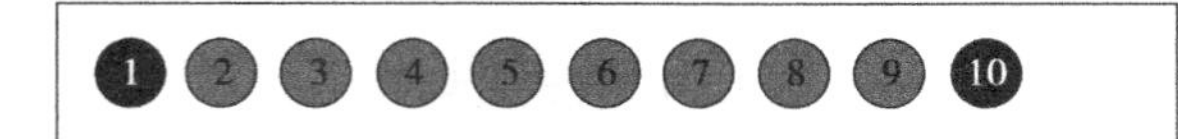

图 3.14　代码效果

所有浏览器都支持群组选择器。

上面 9 种选择器是 CSS3 中的基本选择器,最常用的是元素选择器、类选择器、ID 选择器、后代选择器、群组选择器,在实际应用中可以把这些选择器结合起来使用。

3.3.2　属性选择器

属性选择器早在 CSS2 中就被引入了,其主要作用就是对带有指定属性的 HTML 元素设置样式。使用 CSS3 属性选择器,可以只指定元素的某个属性,或者可以同时指定元素的某个属性和其对应的属性值。

CSS3 的属性选择器主要包括以下几种：

- E[attr]：只使用属性名，但没有确定任何属性值。
- E[attr="value"]：指定属性名，并指定该属性的属性值。
- E[attr~="value"]：指定属性名，并且具有属性值。此属性值是一个词列表，并且以空格隔开，词列表中包含了一个 value 词，而且等号前面的"~"不能不写。
- E[attr^="value"]：指定了属性名，并且有属性值，属性值以 value 开头。
- E[attr$="value"]：指定了属性名，并且有属性值，而且属性值以 value 结束。
- E[attr*="value"]：指定了属性名，并且有属性值，而且属性值中包含了 value。
- E[attr|="value"]：指定了属性名，并且属性值是 value 或者以"value-"开头的值（比如 zh-cn）。

为了更好地说明 CSS3 属性选择器的使用方法，现将 3.2 节的 demo 换成别的结构，如下所示：

```
<div class="demo clearfix">
    <a href="http://www.w3cplus.com" target="_blank" class="links item first" id="first" title="w3cplus">1</a>
    <a href="" class="links active item" title="test website" target="_blank" lang="zh">2</a>
    <a href="sites/file/test.html" class="links item" title="this is a link" lang="zh-cn">3</a>
    <a href="sites/file/test.png" class="links item" target="_balnk" lang="zh-tw">4</a>
    <a href="sites/file/image.jpg" class="links item" title="zh-cn">5</a>
    <a href="mailto:w3cplus@hotmail" class="links item" title="website link" lang="zh">6</a>
    <a href="" class="links item" title="open the website" lang="cn">7</a>
    <a href="" class="links item" title="close the website" lang="en-zh">8</a>
    <a href="" class="links item" title="http://www.sina.com">9</a>
    <a href="" class="links item last" id="last">10</a>
</div>
```

初步美化上面的代码，如下所示：

```
.demo {
    width: 300px;
    border: 1px solid #ccc;
    padding: 10px;
}
.demo a {
    float: left;
    display: block;
```

```
    height: 20px;
    line-height: 20px;
    width: 20px;
    -moz-border-radius: 10px;
    -webkit-border-radius: 10px;
    border-radius: 10px;
    text-align: center;
    background: #f36;
    color: green;
    margin-right: 5px;
    text-decoration: none;
}
```

最初效果如图 3.15 所示。

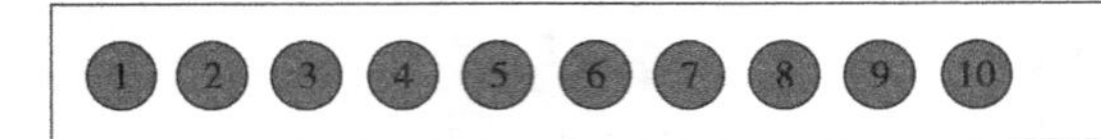

图 3.15　代码最初效果

下面就开始针对上面列出的每个属性选择器,具体分析其使用方法。

(1)E[attr]

E[attr]属性选择器是 CSS3 属性选择器中最简单的一种。如果希望选择有某个属性的元素,而不论这个属性值是什么,就可以使用这个属性选择器,如:

```
.demo a[id]{background: blue; color:yellow;font-weight:bold;}
```

上面的代码表示:选择了 div.demo 下所有带有 id 属性的 a 元素,并在这个元素上使用背景色为蓝色、前景色为黄色、字体加粗的样式。对照上面的 HTML 代码不难发现,只有第一个和最后一个链接使用了 id 属性,所以选中了这两个 a 元素,效果如图 3.16 所示。

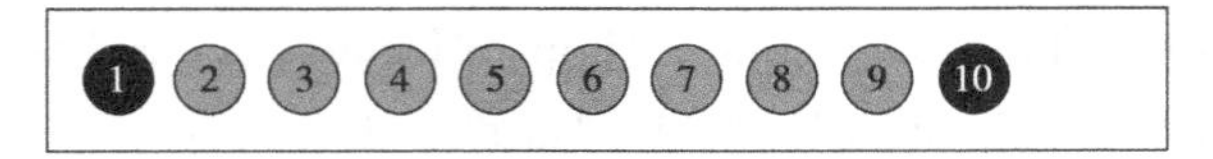

图 3.16　代码效果

上面是单一属性的使用,也可以使用多属性进行选择元素,如 E[attr1][attr2],这样只要是同时具有这两个属性的元素都将被选中:

```
.demo a[href][title] {background: yellow; color:green;}
```

上面的代码表示:选择 div.demo 下的同时具有 href,title 两个属性的 a 元素,并且应用相对应的样式,如图 3.17 所示。

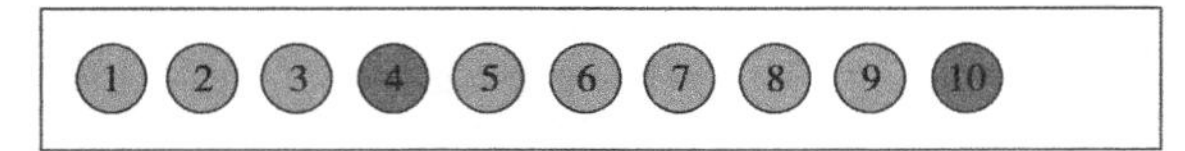

图 3.17　代码效果

(2)E[attr = "value"]

E[attr = "value"]指定了属性值“value”。下面的代码在前面实例基础上进行了简单的修改:

```
.demo a[id = "first"]{background:blue;color:yellow;font-weight:bold;}
```

和前面代码相比较,此处在 id 的属性基础上指定了相应的 value 值为“first”,由此选中的是 div.demo 中的 a 元素,并且这个元素有一个“id = "first"”属性值,效果如图 3.18 所示。

图 3.18 代码效果

E[attr = "value"]属性选择器也可以将多个属性并写,进一步缩小选择范围,代码如下:

```
.demo a[href = "http://www.w3cplus.com"][title] {background: yellow; color:green;}
```

效果如图 3.19 所示。

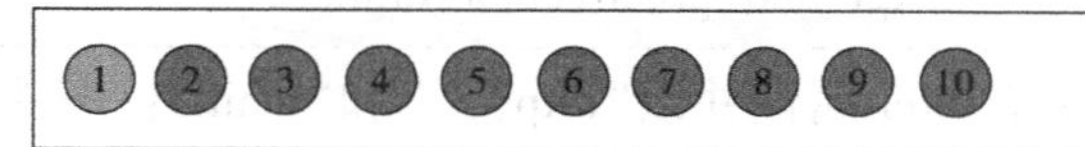

图 3.19 代码效果

对于 E[attr = "value"]这种属性值选择器,其属性和属性值必须完全匹配,特别是对于属性值是词列表的形式时,如下所示:

```
<a href = "" class = "links item" title = "open the website" >7</a>
```

对于上面的代码,如果写成:

```
.demo a[class = "links"]{color:red};
```

上面的属性选择器并不会和上面的 HTML 匹配,因为它们的属性和属性值没有完全匹配,需要改成如下所示的代码,才能正确匹配:

```
.demo a[class = "links item"]{color:red};
```

(3)E[attr ~ = "value"]

E[attr ~ = "value"]属性选择器,表示根据属性值中的词列表的某个词来进行选择元素。此属性选择器的属性值是一个或多个词列表。如果是列表,需要用空格隔开,只要属性值中有一个 value 相匹配就可以选中该元素。示例如下:

```
.demo a[title ~ = "website"]{background:orange;color:green;}
```

上面的代码表示:div.demo 下的 a 元素的 title 属性中,只要其属性值中含有“website”这个词就会被选择。在前面的 HTML 代码中,不难发现所有 a 元素中“2”“6”“7”“8”这四个 a 元素的 title 中都包含这个词,所以被选中。效果如图 3.20 所示。

如果将上面代码中的“~”号省去,代码如下:

```
.demo a[title = "website"]{background:orange;color:green;}
```

图 3.20　代码效果

将不会选中任何元素,因为在所有 a 元素中无法找到完全匹配的“title = 'website'”,效果如图 3.21 所示。

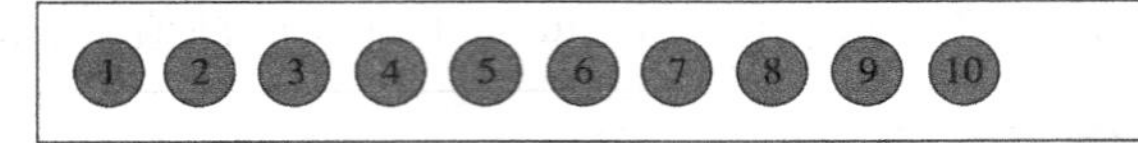

图 3.21　代码效果

(4)E[attr^ = "value"]

E[attr^ = "value"]属性选择器,指的是选择 attr 属性值以“value”开头的所有元素,示例如下:

```
.demo a[href^="http://"]{background:orange;color:green;}
.demo a[href^="mailto:"]{background:green;color:orange;}
```

上面的代码表示选择了有 href 属性并以“http://”和“mailto:”开头的属性值的所有 a 元素。效果如图 3.22 所示。

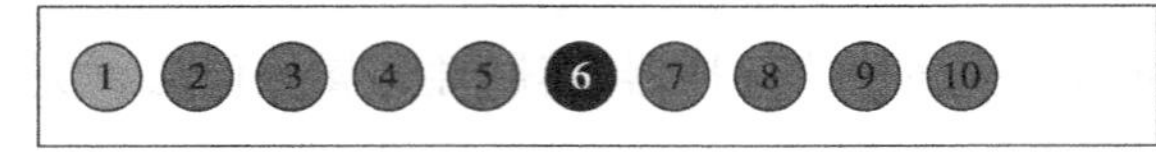

图 3.22　代码效果

(5)E[attr $ = "value"]

E[attr $ = "value"]属性选择器表示选择 attr 属性值以“value”结尾的所有元素。这在给一些特殊的链接加背景图片时很方便,比如给 pdf,png,doc 等不同文件加上不同 icon,就可以使用这个属性来实现,如:

```
.demo a[href$="png"]{background:orange;color:green;}
```

上面的代码表示选择 div.demo 中元素有 href 属性并以 png 值结尾的 a 元素。效果如图 3.23 所示。

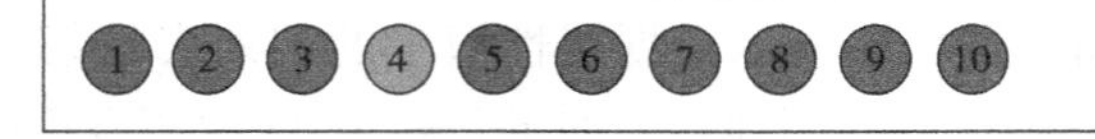

图 3.23　代码效果

(6)E[attr* = "value"]

E[attr* = "value"]属性选择器表示选择 attr 属性值中包含子串“value”的所有元素。代码如下:

```
.demo a[title*="site"]{background:black;color:white;}
```

上面的代码表示选择了 div.demo 中 a 元素,而 a 元素的 title 属性中只要有“site”符合选择条件。效果如图 3.24 所示。

图3.24　代码效果

(7)E[attr| = "value"]

E[attr| = "value"]被称作特定属性选择器。这个选择器会选择 attr 属性值等于 value 或以 value-开头的所有元素。示例代码如下：

```
.demo a[lang| = "zh"]{background:gray;color:yellow;}
```

上面的代码选中了 div.demo 中 lang 属性等于"zh"或以"zh"开头的所有 a 元素。对照前面的 HTML 代码，其中"2""3""4""6"被选中，因为它们都有 lang 属性，且属性值都符合以"zh"或"zh-"开始。具体效果如图3.25所示。

图3.25　代码效果

属性选择器除了 IE6 不支持外，其他的浏览器都能支持。这7种属性选择器中，E[attr = "value"]和 E[attr * = "value"]是最实用的，其中 E[attr = "value"]能定位不同类型的元素，特别是表单 form 元素的操作，比如说 input[type = "text"], input[type = "checkbox"]等，而E[attr * = "value"]能在网站中匹配不同类型的文件，比如网站上不同的文件类型的链接需要使用不同的 icon 图标，可帮助网站提高用户体验。

3.3.3　伪类选择器

伪类这个叫法源自它们与类相似，但实际上并没有类会附加到标记中的标签上。CSS2 中较为常见的莫过于:link, :focus, :hover 之类，CSS3 中新增加的":nth-child"等选择器。下面开始进行介绍。和前面一样，在开始之前先创建一个 DOM，代码如下：

```
<div class = "demo clearfix" >
    <ul class = "clearfix" >
        <li class = "first links odd" id = "first" > <a href = "" >1 </a > </li >
        <li class = "links even" > <a href = "" >2 </a > </li >
        <li class = "links odd" > <a href = "" >3 </a > </li >
        <li class = "links even" > <a href = "" >4 </a > </li >
        <li class = "links odd" > <a href = "" >5 </a > </li >
        <li class = "links even" > <a href = "" >6 </a > </li >
        <li class = "links odd" > <a href = "" >7 </a > </li >
        <li class = "links even" > <a href = "" >8 </a > </li >
        <li class = "links odd" > <a href = "" >9 </a > </li >
        <li class = "links even last" id = "last" > <a href = "" >10 </a > </li >
    </ul >
</div >
```

同样添加一些样式将上述页面进行修饰,代码如下:

```
.demo {
    width: 300px;
    border: 1px solid #ccc;
    padding: 10px;
}
.demo li {
    border: 1px solid #ccc;
    padding: 2px;
    float: left;
    margin-right:4px;
}
.demo a {
    float: left;
    display: block;
    height: 20px;
    line-height: 20px;
    width: 20px;
    -moz-border-radius: 10px;
    -webkit-border-radius: 10px;
    border-radius: 10px;
    text-align: center;
    background: #f36;
    color: green;
    text-decoration: none;
}
```

最初效果如图 3.26 所示。

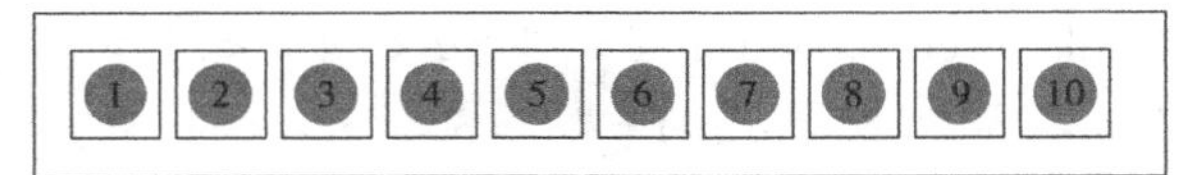

图 3.26　代码最初效果

CSS 的伪类语法和别的语法有点不一样,其主要有两种语法表达方式。第一种表达方式的格式如下所示:

```
E:pseudo-class {property:value}
/*其中 E 为元素;pseudo-class 为伪类名称;property 是 css 的属性;value 为 css 的属性值*/
```

示例代码如下所示:

```
a:link {color:red;}
```

第二种表达方式的格式如下所示：

```
E.class:pseudo-class{property:value}
```

示例代码如下所示：

```
a.selected:hover {color: blue;}
```

下面开始介绍这些伪类的具体应用。

(1)**动态伪类**

动态伪类并不存在于 HTML 中，只有当用户和网站交互的时候才能体现出来。

动态伪类包含两种，第一种是在链接中常看到的锚点伪类，如“:link”，“:visited”；另一种被称作用户行为伪类，如“:hover”，“:active”和“:focus”。

先来看最常见的锚点伪类，示例代码如下：

```
.demo a:link {color:gray;}          /* 链接没有被访问时前景色为灰色 */
.demo a:visited{color:yellow;}      /* 链接被访问过后前景色为黄色 */
.demo a:hover{color:green;}         /* 鼠标悬浮在链接上时前景色为绿色 */
.demo a:active{color:blue;}         /* 鼠标点中激活链接，前景色为蓝色 */
```

对于这四个锚点伪类的设置，需要特别注意先后顺序，要遵守爱恨原则(Love/Hate)，也就是 Link-visited-hover-active。如果将顺序弄错了，会给代码带来意想不到的错误。其中，:hover 和:active 又同时被列入用户行为伪类中，它们所表达的意思是：

- :hover 用于用户把光标移动到元素上面时的效果；
- :active 用于用户点击元素的效果(正发生在点的那一下，松开鼠标左键，此动作也就完成了)。
- :focus 用于元素获取焦点时具备的样式，基本格式为 e:focus，其中 e 可以表示任何元素 p，h1 等，经常用在表单元素上。示例如下：

```
input:focus{border:1px solid blue;}
```

上述 CSS 会在光标位于 input 字段中时，为该字段添加一个蓝色边框。这样可以让用户明确地知道输入的字符会出现在哪里。

下面的示例代码描述的是一个 class 为.form-submit 的 button 按钮添加的样式效果。

```
.form-submit {
    -moz-transition: border-color 0.218s ease 0s;
    -webkit-transition: border-color 0.218s ease 0s;
    -o-transition: border-color 0.218s ease 0s;
    -ms-transition: border-color 0.218s ease 0s;
    transition: border-color 0.218s ease 0s;
    background: none repeat scroll 0 0 #F5F5F5;
    border: 1px solid #DCDCDC;
    -moz-border-radius: 2px 2px 2px 2px;
```

```
    -webkit-border-radius: 2px 2px 2px 2px;
    border-radius: 2px 2px 2px 2px;
    color: #333333;
    font: 11px/27px arial,sans-serif;
    height: 27px;
    padding: 0 8px;
    text-align: center;
    text-shadow: 0 1px 0 rgba(0, 0, 0, 0.1);
}
.form-submit:hover {
    background-color: #F8F8F8;
    border-color: #C6C6C6;
    -moz-box-shadow: 0 1px 2px rgba(0, 0, 0, 0.15);
    -webkit-box-shadow: 0 1px 2px rgba(0, 0, 0, 0.15);
    box-shadow: 0 1px 2px rgba(0, 0, 0, 0.15);
    color: #333333;
}
.form-submit:active {
    border-color: #4D90FE;
    -webkit-box-shadow: 0 1px 2px rgba(0, 0, 0, 0.3) inset;
    -moz-box-shadow: 0 1px 2px rgba(0, 0, 0, 0.3) inset;
    box-shadow: 0 1px 2px rgba(0, 0, 0, 0.3) inset;
    color: #000000;
}
.form-submit:focus {
    border: 1px solid #4D90FE !important;
    }
```

对于“:hover”,在 IE6 浏览器下只有 a 标签支持,“:active”只有 IE6、IE7 不支持,“:focus”在 IE6、IE7 下不被支持。

(2)UI 元素状态伪类

UI 元素状态伪类包括“:enabled”“:disabled”“:checked”,主要是针对 HTML 中的 Form 元素操作。最常见的比如 type = "text" 有 enable 和 disabled 两种状态,前者为可写状态,后者为不可写状态。另外,type = "radio" 和 type = "checkbox" 有"checked" 和"unchecked" 两种状态。示例代码如下:

```
input[type = "text"]:disabled {border:1px solid #999;background-color: #fefefe;}
```

这样就将页面中禁用的文本框应用了一个不同的样式。IE6、IE7、IE8 均不支持“:checked”“:enabled”和“:disabled”这三种选择器。

(3)结构化伪类

结构化伪类会在标记中存在某种结构上的关系时(如某个元素是一组元素中的第一个或最后一个),为相应元素应用 CSS 样式。具体包括如下几种:

- :first-child 选择某个元素的第一个子元素;
- :last-child 选择某个元素的最后一个子元素;
- :nth-child()选择某个元素的一个或多个特定的子元素;
- :nth-last-child()选择某个元素的一个或多个特定的子元素,从这个元素的最后一个子元素开始算;
- :nth-of-type()选择指定的元素;
- :nth-last-of-type()选择指定的元素,从元素的最后一个开始计算;
- :first-of-type 选择一个上级元素下的第一个同类子元素;
- :last-of-type 选择一个上级元素的最后一个同类子元素;
- :only-child 选择的元素是它的父元素的唯一一个子元素;
- :only-of-type 选择一个元素是它的上级元素的唯一一个相同类型的子元素;
- :empty 选择的元素里面没有任何内容。

下面针对上面所列的各种选择器,选取几个进行介绍:

1):first-child

:first-child 用来选择某个元素的第一个子元素。比如本小节中的 HTML 页面中,想让列表中的"1"具有不同的样式,就可以使用:first-child 来实现:

```
.demo li:first-child {background: green; border: 1px dotted blue;}
```

而不需要在第一个 li 上加上一个不同的 class 名,比如说"first"。

```
.demo li.first {background: green; border: 1px dotted blue;}
```

上述两行样式代码都能产生如图 3.27 所示的效果。

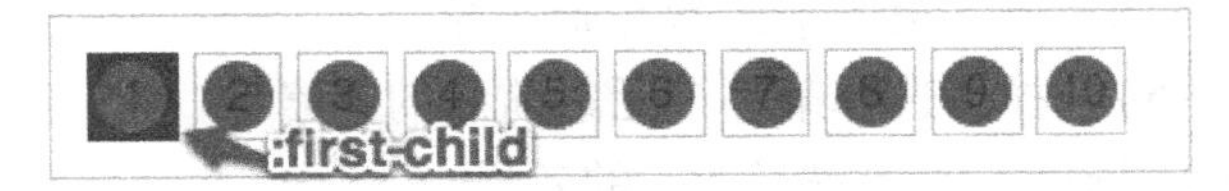

图 3.27 代码效果

IE6 不支持:first-child 选择器。

2):last-child

:last-child 选择的是元素的最后一个子元素。比如说,若需要单独给列表最后一项一个不同的样式,就可以使用这个选择器。代码如下,显示效果如图 3.28 所示。

```
.demo li:last-child {background: green; border: 2px dotted blue;}
```

图 3.28 代码效果

3）:nth-child( )

:nth-child( )可以选择某个元素的一个或多个特定的子元素，可以按如下代码所示方式进行选择：

```
:nth-child(length);          /* 参数是具体数字 */
:nth-child(n);               /* 参数是 n,n 从 0 开始计算 */
:nth-child(n * length)       /* n 的倍数选择,n 从 0 开始算 */
:nth-child(n + length);      /* 选择大于 length 后面的元素 */
:nth-child(-n + length)      /* 选择小于 length 前面的元素 */
:nth-child(n * length + 1);/* 表示隔几选一 */
//上面 length 为整数
```

:nth-child(n)中，n 是一个简单的表达式，那么 n 取值是从"0"开始计算的。如果在实际应用中直接这样使用，将会选中所有子元素。n 的取值代表的含义如下：

```
n=0→没有选择元素
n=1→选择第一个 li,
n=2→选择第二个 li,后在的以此类推,这样下来就选中了所有的 li
```

效果如图 3.29 所示。

图 3.29　代码效果

以下是:nth-child( )的扩展：

- :nth-child(2n)等价于:nth-child(even)效果，选择偶数个元素。
- :nth-child(2n+1) 等价于:nth-child(odd)，选择奇数个元素。
- :nth-child(n+5)选择器从第 5 个元素开始选择。
- :nth-child(−n+5)选择器选择第 5 个元素前面的元素。
- :nth-child(4n+1)选择器实现隔三选一的效果。

IE6 至 IE8 和 FF3 浏览器不支持":nth-child"选择器。

4）:empty

:empty 用来选择没有任何内容的元素，包括空格。具体代码如下所示：

```
p:empty {display: none;}
```

IE6 至 IE8 浏览器不支持:empty 选择器。

（4）**伪元素**

CSS2 中的伪元素包括":first-line"":first-letter"":before"":after"。在 CSS3 中对伪元素进行了一定的调整，在以前的基础上增加了一个":"，变成了"::first-letter""::first-line""::before""::after"，另外还增加了一个"::selection"。CSS3 中用两个"::"和一个":"区分伪类和伪元素，目前来说，这两种方式都是被接受的，只是书写格式不同而已。

::first-line 选择元素的第一行，比如改变每个段落的第一行文本的样式，可以使用如下代码：

```
p::first-line {font-weight:bold;}
```

::first-letter 选择文本块的第一个字母，主要运用于段落排版，比如说首字下沉，代码如下：

```
p::first-letter {font-size: 56px;float:left;margin-right:3px;}
```

::before 和::after 主要用来给元素的前面或后面插入内容，常配合“content”使用，最多的是清除浮动，代码如下：

```
.clearfix:before,.clearfix:after {
    content: ".";
    display: block;
    height: 0;
    visibility: hidden;
}
.clearfix:after {clear: both;}
.clearfix {zoom: 1;}
```

::selection 用来改变浏览网页选中文的默认效果。

3.4 盒子模型

每一个元素都会在页面上生成一个盒子。因此，HTML 页面实际上就是由一堆盒子组成的。默认情况下，每个盒子的边框不可见，背景也是透明的，所以浏览者不能直接看到页面中盒子的结构。下面先从每个元素盒子的三个属性开始介绍：

- 边框(border)：可以设置边框的宽窄、样式和颜色。
- 内边距(padding)：可以设置盒子内容区与边框的间距。
- 外边距(margin)：可以设置盒子与相邻元素的间距。

需要特别注意的是，对于一个 width 为 100%（针对父级元素）的元素来说，不应当应用任何的 margin，padding，border，因为这会使它本身的元素宽度大于父级元素。这点经常被忽视，但是这样应用会严重破坏页面的布局，因为内容块 content 既不会溢出也不会把元素变宽。解决办法是给元素添加具体的宽度值，不是 auto。

①外边距{margin:2px 3px 4px 5px}顺序为顺时针（上、右、下、左），{margin:2px}，{margin:2px 3px 4px}，{margin:2px 3px}。

②边框{border:1px dashed blue;}，{border-style:dashed;}共有三个属性，分别是 border-width，border-style，border-color。

③内边距与外边距相似，注意内边距实际加在了声明的盒子宽度之上。

推荐把*{margin:0;padding:0;}作为第一条规则。外边距比较特殊的过程是外边距叠加，p{margin:30px 20px 50px;}两个段落之间的距离不是 30+50=80px，而是 50px。

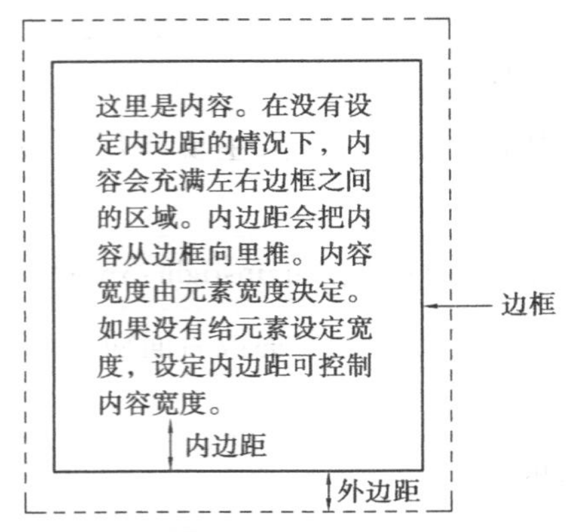

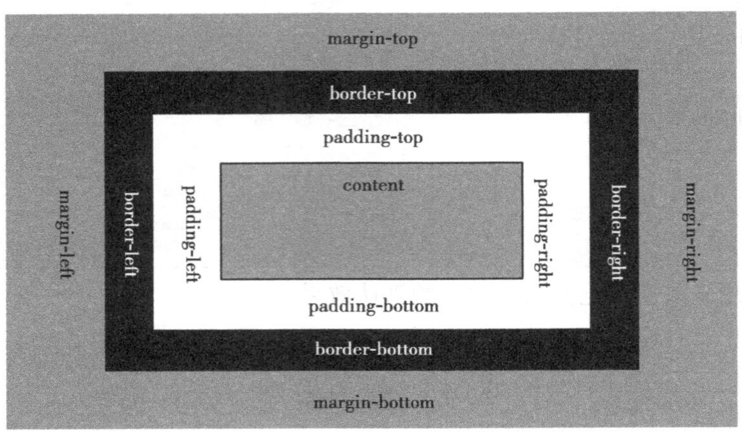

图 3.30　盒子模型

在盒子模型中，包含两种盒子：

①无宽度的盒子。所谓"没有宽度"，就是指没有显式地设置元素的 width 属性。如果不设置盒子的宽度，那么盒子的默认值就是 auto，会让元素的宽度扩展到与父级同宽。没有宽度的元素始终会扩展到填满其父元素的宽度为止。添加水平边框、内边距和外边距，会导致内容宽度减少，减少量等于水平边框、内边距和外边距的和。

②有宽度的盒子。即明确表明盒子的宽度，实际上，盒子的 width 属性设定的只是盒子内容区的宽度，所以实际所占空间的水平宽度为：

width + padding(left) + padding(right) + border(left) + border(right) + margin(left) + margin(right)

一定要清楚地理解这部分内容，对将来构建多栏布局具有重要的启示。

前面讲到了盒子宽度的问题，它是内容区的宽度，这种计算方式是 W3C 浏览器对盒子模型的理解，但是并非所有的浏览器都这样理解盒子，特殊的 IE6 有它自己的一套对盒子模型的理解方式。比较典型的盒子模型图如图 3.31 所示。

W3C 标准浏览器对盒子模型理解如图 3.32 所示，盒子尺寸就是上面提到的内容区尺寸。

但是 IE6 中盒子的尺寸如图 3.33 所示，它包括了 border、margin 和 padding。

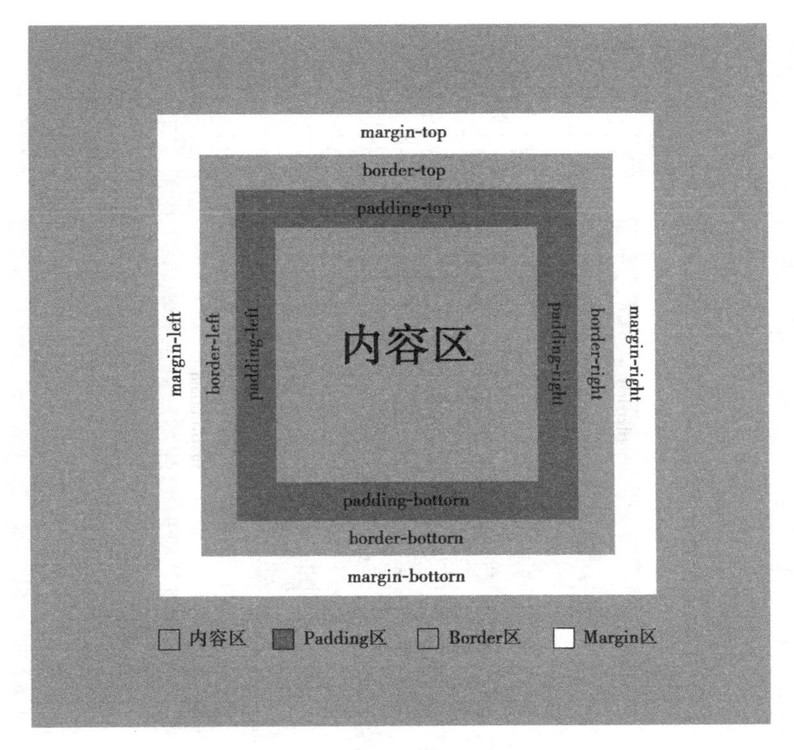

图 3.31　典型的盒子模型图

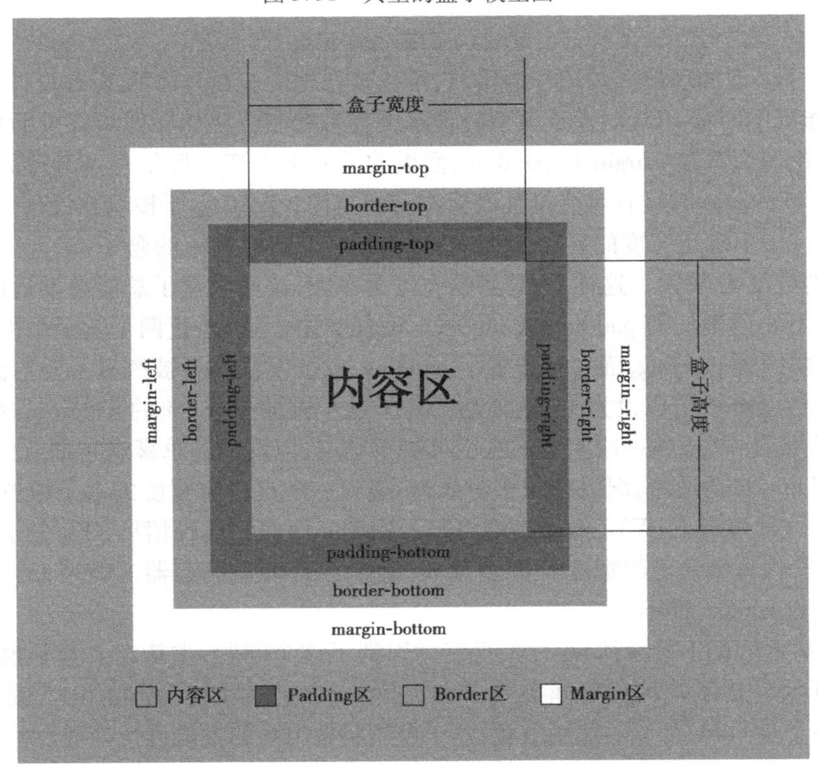

图 3.32　W3C 盒子模型

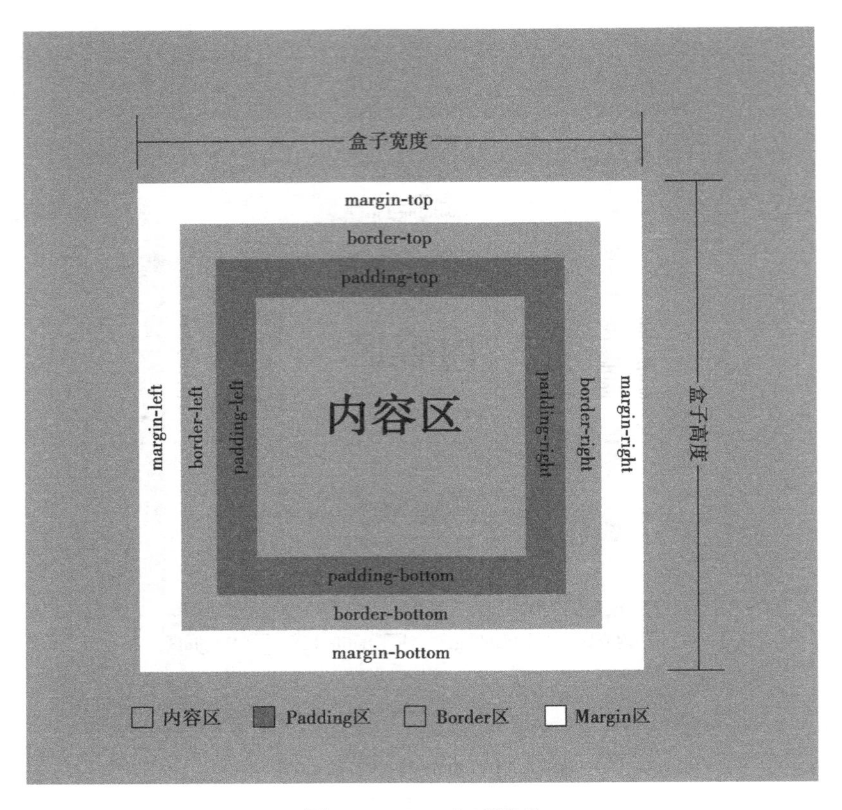

图 3.33　IE6 盒子模型

IE6 对盒子模型的理解比较符合逻辑,它是比较合理的。在具体的 Web 设计中,尤其牵扯到复杂网格布局的时候,IE6 对盒子模型的理解更容易控制。比如在面板式页面设计中,一旦尺寸确定,不论怎么调整 margin 和 padding,面板的尺寸都不变。但是在 W3C 标准浏览器下,调整 padding 和 margin 时极有可能打乱面板本身的结构。W3C 盒子模型在设计中最让人头疼的是,假如有一个不确定宽度的容器,想在里面放置两个同样大小的盒子,最合理的做法是设置每个盒子的宽度为 50% 。这样,不管容器宽度为多大,这两个盒子总能自动适应这个宽度,然而,前提是不要设置任何 padding 或 border。而现实中,为了防止两个盒子中的内容互相挨得太近,肯定要设置 padding,而一旦设置了 padding,就会发现容器被撑破了。当然,每个盒子的宽度不要设为 50% ,可以设为 45% ,然后为每个盒子再加一个 5% 的 padding,这确实是一个解决办法。在设计中,虽然一段内容的宽度可能不确定,但设计者总喜欢它拥有固定 padding,并不希望 padding 自动适应,况且在很多时候,希望为一个自适应宽度的盒子设置一个 1 像素的 border。在这种情形下,W3C 盒子模型将陷入困境。而遇到这种情形,IE6 盒子模型不需要任何周折,只管将每个盒子的宽度设置为 50% ,它们会自动适应容器的宽度,然后,不管怎样设置 padding 和 border,都不会撑破容器。

虽然 W3C 永远都不会承认,但他们显然意识到了这个问题,重新定义盒子模型是不可能了,所以,在 CSS3 中有了 box-sizing 这个属性。box-sizing 有两个可选值,一个是默认的 content-box,另一个是 border-box。选用后者,盒子模型将按 IE6 的方式进行处理。

3.5　CSS 样式属性

3.5.1　布局与定位属性

CSS 为定位和浮动提供了一些属性，利用这些属性，可以建立列式布局，将布局的一部分与另一部分重叠，还可以完成多年来通常需要使用多个表格才能完成的任务。

定位的基本思想很简单，它允许定义元素框相对于其正常位置应该出现的位置，或者相对于父元素、另一个元素甚至浏览器窗口本身的位置。

(1)**一切皆为框**

div、h1 或 p 元素常常被称为块级元素。这意味着这些元素显示为一块内容，即“块框”。与之相反，span 和 strong 等元素称为“行内元素”，这是因为它们的内容显示在行中，即“行内框”。

可以使用 display 属性改变生成的框的类型。这意味着，通过将 display 属性设置为 block，可以让行内元素（比如 <a> 元素）表现得像块级元素一样。还可以通过把 display 设置为 none，让生成的元素根本没有框。这样，该框及其所有内容就不再显示，不占用文档中的空间。

但是在一种情况下，即使没有进行显式定义，也会创建块级元素。这种情况发生在把一些文本添加到一个块级元素（比如 div）的开头。即使没有把这些文本定义为段落，它也会被当做段落对待：

```
<div>
    some text
    <p>Some more text. </p>
</div>
```

在这种情况下，这个框称为无名块框，它不与专门定义的元素相关联。

(2)CSS **定位机制**

CSS 有三种基本的定位机制：普通流、浮动和绝对定位。

除非专门指定，否则所有框都在普通流中定位。也就是说，普通流中的元素的位置由元素在(X)HTML 中的位置决定。

块级框从上到下一个接一个地排列，框之间的垂直距离是根据框的垂直外边距计算出来的。行内框在一行中水平布置，可以使用水平内边距、边框和外边距调整它们的间距。但是，垂直内边距、边框和外边距不影响行内框的高度。由一行形成的水平框称为行框(Line Box)，行框的高度总是足以容纳它包含的所有行内框。不过，设置行高可以增加这个框的高度。

(3)CSS **定位属性**

CSS 定位属性允许对元素进行定位，见表 3.1。

表 3.1　CSS 定位属性及描述

属　性	描　述
position	把元素放置到一个静态的、相对的、绝对的或固定的位置中
top	定义了一个定位元素的上外边距边界与其包含块上边界之间的偏移
right	定义了定位元素右外边距边界与其包含块右边界之间的偏移
bottom	定义了定位元素下外边距边界与其包含块下边界之间的偏移
left	定义了定位元素左外边距边界与其包含块左边界之间的偏移
overflow	设置当元素的内容溢出其区域时发生的事情
clip	设置元素的形状。元素被剪入这个形状之中，然后显示出来
vertical-align	设置元素的垂直对齐方式
z-index	设置元素的堆叠顺序
overflow-x	CSS3 新增，检索或设置当对象的内容超过其指定宽度时如何管理内容
overflow-y	CSS3 新增，检索或设置当对象的内容超过其指定高度时如何管理内容

1）CSS position 属性

通过使用 position 属性，可以选择 5 种不同类型的定位，这会影响元素框生成的方式。接下来依次对 position 属性值的含义进行讲解。

①static（默认定位）。当没有为一个元素（例如 div）指定定位方式时，默认为 static，也就是按照文档的流式（flow）定位，将元素放到一个合适的地方。所以在不同的分辨率下，采用流式定位能很好地自适合，取得相对较好的布局效果。

当 positon 属性设置为 static 时，块级元素生成一个矩形框，作为文档流的一部分，行内元素则会创建一个或多个行框，置于其父元素中。

②relative（相对定位）。在 static 的基础上，如果想让一个元素在它本来的位置作一些调整（位移），可以将该元素定位设置为 relative，同时指定相对位移（利用 top，bottom，left，right）。有一点需要注意：相对定位的元素仍然在文档流中，仍然占据着它本来占据的位置空间——虽然它现在已经不在本来的位置了。

如果对一个元素进行相对定位，它将出现在它所在的位置上。然后可以通过设置垂直或水平位置，让这个元素“相对于”它的起点进行移动。

如果将 top 设置为 20 px，那么框将位于原位置顶部下面 20 像素的地方。如果 left 设置为 30 像素，那么会在元素左边创建 30 像素的空间，也就是将元素向右移动。具体位移效果如图 3.34 所示。

```
#box_relative {
  position: relative;
  left: 30px;
  top: 20px;
}
```

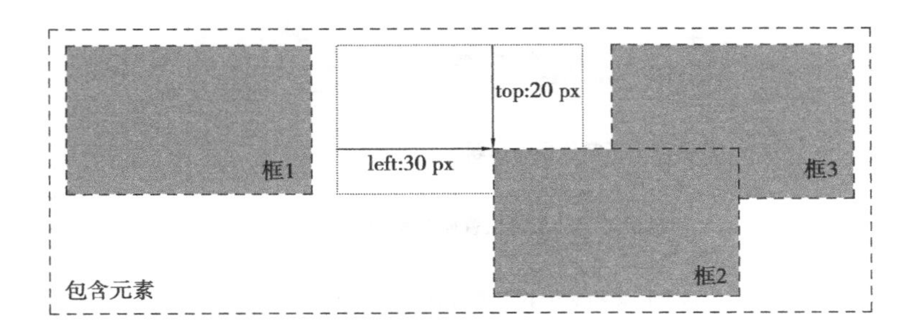

图 3.34　relative 相对定位描述

注意，在使用相对定位时，无论是否进行移动，元素仍然占据原来的空间。因此，移动元素会导致它覆盖其他框。

下面是运用 CSS 相对定位完成的实例，浏览器中的显示效果如图 3.35 所示。

```
<html>
<head>
    <style type="text/css">
        h2.pos_left{
            position:relative;
            left:-20px
        }
        h2.pos_right{
            position:relative;
            left:20px
        }
    </style>
</head>
<body>
    <h2>这是位于正常位置的标题</h2>
    <h2 class="pos_left">这个标题相对于其正常位置向左移动</h2>
    <h2 class="pos_right">这个标题相对于其正常位置向右移动</h2>
    <p>相对定位会按照元素的原始位置对该元素进行移动。</p>
    <p>样式"left:-20px"从元素的原始左侧位置减去 20 像素。</p>
    <p>样式"left:20px"向元素的原始左侧位置增加 20 像素。</p>
</body>
</html>
```

③absolute（绝对定位）。如果想在一个文档（Document）中将一个元素放至指定位置，可以使用 absolute 来定位，将该元素的 position 设置为 absolute，同时使用 top，bottom，left，right 来定位。

绝对定位会使元素框从文档流完全删除，并相对于其包含块定位。包含块可能是文档中的另一个元素或者是初始包含块。元素原先在正常文档流中所占的空间会关闭，就好像

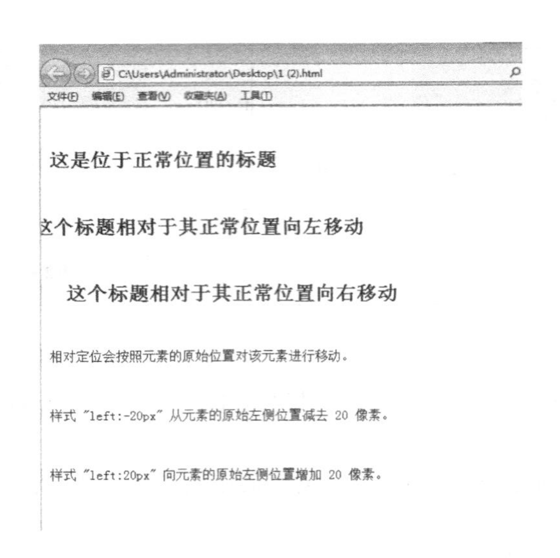

图 3.35　相对定位示例

元素原来不存在一样。元素定位后生成一个块级框，而不论原来它在正常流中生成何种类型的框。

绝对定位使元素的位置与文档流无关，因此不占据空间。这一点与相对定位不同，相对定位实际上被看做普通流定位模型的一部分，因为元素的位置相对于它在普通流中的位置。

普通流中，其他元素的布局就像绝对定位的元素不存在一样，下面所示代码产生的位移效果如图 3.36 所示。

```
#box_relative {
  position: absolute;
  left: 30px;
  top: 20px;
}
```

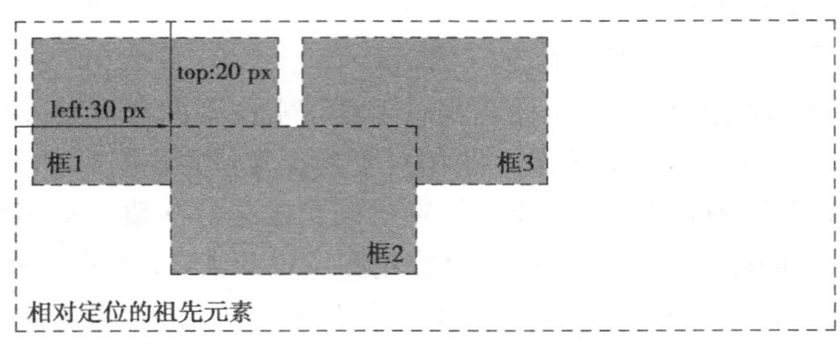

图 3.36　absolute 绝对定位描述

绝对定位的元素的位置相对于最近的已定位祖先元素，如果元素没有已定位的祖先元素，那么它的位置相对于最初的包含块。

提示：因为绝对定位的框与文档流无关，所以它们可以覆盖页面上的其他元素。可以通过设置 z-index 属性来控制这些框的堆放次序。下面演示了一个使用绝对定位的页面，其运行效果如图 3.37 所示。

```
<html>
<head>
    <style type="text/css">
        h2.pos_abs{
            position:absolute;
            left:100px;
            top:150px
        }
    </style>
</head>
<body>
    <h2 class="pos_abs">这是带有绝对定位的标题</h2>
    <p>通过绝对定位,元素可以放置到页面上的任何位置。下面的标题距离页面左侧 100 px,距离页面顶部 150 px。</p>
</body>
</html>
```

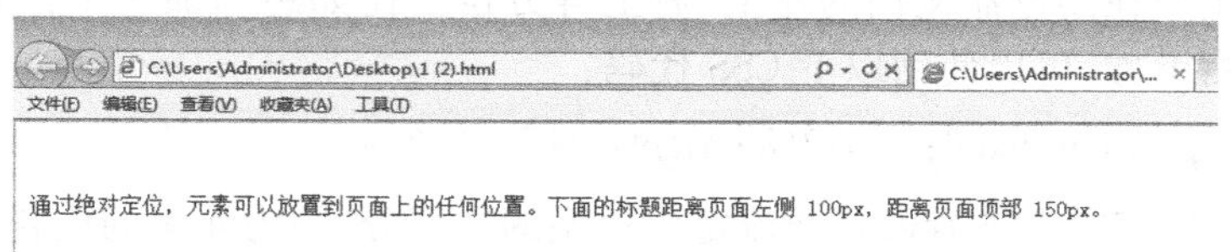

图 3.37 使用绝对定位

上述代码中,下面的标题距离页面左侧 100 px,距离页面顶部 150 px。

④mix relative and absolute(混合相对定位和绝对定位)。如果对一个父元素设置 relative,而对它的一个子元素设置 absolute,如:

```
<div id="parent" style="position:relative">
    <div id="child" style="position:absolute">
    </div>
</div>
```

则子元素的绝对定位的参照物为父元素。利用混合定位,可以用类似下面的 CSS 代码来实现两列(Two Column)定位:

```
#div-parent{
position:relative;
```

```
}
#div-child-right {
position:absolute;
top:0;
right:0;
width:200px;
}
#div-child-left {
position:absolute;
top:0;
left:0;
width:200px;
}
```

⑤fixed(固定定位)。absolute 定位的参照物是"上一个定位过的父元素(static 不算)",那么如果想让一个元素定位的参照物总是整个文档(viewport),怎么办呢?

答案是使用 fixed 定位。fixed 定位的参照物总是当前的文档。利用 fixed 定位,可以很容易地让一个 div 定位在浏览器文档的左上、右上等方位。比如想添加一个信息提示的 div,并将该 div 固定在右上方,可以使用以下 CSS 代码:

```
.element { position:fixed; top:2%; right:2%; }
```

提示:相对定位实际上被看做普通流定位模型的一部分,因为元素的位置相对于它在普通流中的位置。

下面的实例用于演示如何使用固定值设置图像的上边缘。最终显示效果如图 3.38 所示。

```
<html>
<head>
    <style type="text/css">
        img{
            position:absolute;
            top:0px
        }
    </style>
</head>
<body>
    <h1>This is a Heading</h1>
    <img class="normal" src="../i/eg_smile.gif" />
    <p>一些文本。一些文本。一些文本。一些文本。一些文本。一些文本。</p>
</body>
</html>
```

a Heading

本。一些文本。一些文本。一些文本。一些文本。

图3.38 固定定位实例效果一

下面的例子用来演示如何使用像素值设置图像的底部边缘。

```
<html>
    <head>
        <style type="text/css">
            img{
                position:absolute;
                bottom:0px
            }
        </style>
    </head>
    <body>
        <h1>这是标题</h1>
        <img class="normal" src="../i/eg_smile.gif" />
        <p>一些文本。一些文本。一些文本。一些文本。一些文本。一些文本。</p>
    </body>
</html>
```

上面的代码在浏览器中的显示效果如图3.39所示。

这是标题

一些文本。一些文本。一些文本。一些文本。一些文本。一些文本。

图3.39 定位实例效果二

2)overflow 属性

overflow 属性规定当内容溢出元素框时发生的事情。这个属性定义对溢出元素内容区的内容会如何处理。如果值为 scroll,不论是否需要,用户代理都会提供一种滚动机制。overflow 属性可能设置的值见表3.2。

表 3.2 overflow 的值

值	描 述
visible	默认值。内容不会被修剪,会呈现在元素框之外
hidden	内容会被修剪,并且其余内容是不可见的
scroll	内容会被修剪,但是浏览器会显示滚动条以便查看其余的内容
auto	如果内容被修剪,则浏览器会显示滚动条以便查看其余的内容
inherit	规定应该从父元素继承 overflow 属性的值

下面的代码用于演示当元素内容太大而超出规定区域时,如何设置溢出属性来规定相应的动作。

```
<html>
    <head>
        <style type="text/css">
            div {
                background-color:#00FFFF;
                width:150px;
                height:150px;
                overflow: scroll
            }
        </style>
    </head>
    <body>
        <p>如果元素中的内容超出了给定的宽度和高度属性,overflow 属性可以确定是否显示滚动条等行为。</p>
        <div>
            这个属性定义溢出元素内容区的内容会如何处理。如果值为 scroll,不论是否需要,用户代理都会提供一种滚动机制。因此,有可能即使元素框中可以放下所有内容也会出现滚动条。默认值是 visible。
        </div>
    </body>
</html>
```

上面的代码最终显示效果如图 3.40 所示。

如果元素中的内容超出了给定的宽度和高度属性，overflow属性可以确定是否显示滚动条等行为。

图 3.40 设置溢出属性效果

3)clip 属性

clip 属性剪裁绝对定位元素。当一幅图像的尺寸大于包含它的元素时,clip 属性允许开发者规定一个元素的可见尺寸,这样此元素就会被修剪并显示为这个形状。

例如,这个属性可用于定义一个剪裁矩形。对于一个绝对定义元素,在这个矩形内的内容才可见。超出这个剪裁区域的内容会根据 overflow 的值来处理。剪裁区域可能比元素的内容区大,也可能比内容区小。clip 属性可能的值见表 3.3。

表 3.3 clip 属性的值

值	描 述
shape	设置元素的形状。唯一合法的形状值是:rect (top, right, bottom, left)
auto	默认值。不应用任何剪裁
inherit	规定应该从父元素继承 clip 属性的值

下面的代码用于演示如何设置元素的形状:

```
<html>
    <head>
        <style type="text/css">
            img {
                position:absolute;
                clip:rect(0px 50px 200px 0px)
            }
        </style>
    </head>
    <body>
        <p>clip 属性剪切了一幅图像:</p>
        <p><img border="0" src="../i/eg_bookasp.gif" width="120" height=
"151"></p>
    </body>
</html>
```

clip 属性效果如图 3.41 所示。

图 3.41 clip 属性效果

下面的代码用于演示如何在文本中垂直排列图像。

```
<html>
        <head>
            <style type="text/css">
                img.top {vertical-align:text-top}
                img.bottom {vertical-align:text-bottom}
            </style>
        </head>
        <body>
            <p>这是一幅<img class="top" border="0" src="../i/eg_cute.gif" />位于
段落中的图像。</p>
            <p>这是一幅<img class="bottom" border="0" src="../i/eg_cute.gif" />
位于段落中的图像。</p>
        </body>
    </html>
```

最终显示效果如图 3.42 所示。

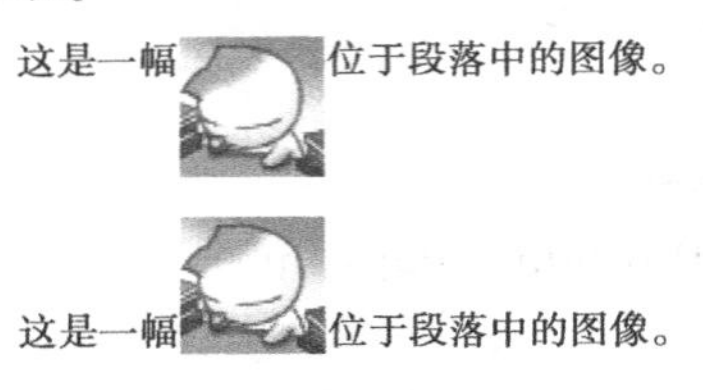

图 3.42　文本中垂直排列图像效果

3.5.2　文本属性

CSS 文本属性可定义文本的外观。通过文本属性，可以改变文本的颜色、字符间距、对齐文本、装饰文本、对文本进行缩进，等等。

对 CSS 中文字类属性的描述见表 3.4。

表 3.4　文字修饰类属性

属　性	描　述
color	设置文本颜色
direction	设置文本方向
line-height	设置行高
letter-spacing	设置字符间距
text-align	对齐元素中的文本
text-decoration	向文本添加修饰
text-indent	缩进元素中文本的首行
text-shadow	设置文本阴影。CSS2 包含该属性，但是 CSS2.1 没有保留该属性

续表

属 性	描 述
text-transform	控制元素中的字母
unicode-bidi	设置文本方向
white-space	设置元素中空白的处理方式
word-spacing	设置字间距

接下来就对文字属性中相关内容一一进行介绍。

(1)**缩进文本**

把 Web 页面上的段落第一行缩进,这是一种最常用的文本格式化效果。

CSS 提供了 text-indent 属性,该属性可以方便地实现文本缩进。通过使用 text-indent 属性,所有元素的第一行都可以缩进一个给定的长度,甚至该长度可以是负值。这个属性最常见的用途是将段落的首行缩进,下面的规则会使所有段落的首行缩进 5 em:

```
p {text-indent: 5em;}
```

注意:一般来说,可以为所有块级元素应用 text-indent,但无法将该属性应用于行内元素,图像之类的替换元素上也无法应用 text-indent 属性。不过,如果一个块级元素(比如段落)的首行中有一个图像,它会随该行的其余文本移动。

提示:如果想把一个行内元素的第一行“缩进”,可以用左内边距或外边距创造这种效果。

1)使用负值

text-indent 还可以设置为负值。利用这种技术,可以实现很多有趣的效果,比如“悬挂缩进”,即第一行悬挂在元素中余下部分的左边:

```
p {text-indent: -5em;}
```

不过在为 text-indent 设置负值时要当心,如果对一个段落设置了负值,那么首行的某些文本可能会超出浏览器窗口的左边界。为了避免出现这种显示问题,建议针对负缩进再设置一个外边距或一些内边距:

```
p {text-indent: -5em;padding-left:5em;}
```

2)使用百分比值

text-indent 可以使用所有长度单位,包括百分比值。百分数要相对于缩进元素父元素的宽度。换句话说,如果将缩进值设置为 20%,所影响元素的第一行会缩进其父元素宽度的 20%。

在下面的代码中,缩进值是父元素的 20%,即 100 个像素:

```
div {width: 500px;}
p {text-indent: 20%;}

<div>
    <p>this is a paragragh</p>
</div>
```

3)继承

text-indent 属性可以继承,请考虑如下标记:

```
div#outer {width: 500px;}
div#inner {text-indent: 10%;}
p {width: 200px;}

<div id="outer">
    <div id="inner">some text. some text. some text.
        <p>this is a paragragh. </p>
    </div>
</div>
```

以上标记中的段落也会缩进 50 像素,这是因为这个段落继承了 id 为 inner 的 div 元素的缩进值。

(2)**水平对齐**

text-align 是一个基本的属性,它会影响一个元素中的文本行互相之间的对齐方式。值 left、right 和 center 会导致元素中的文本分别左对齐、右对齐和居中。所有 text-align 的默认值是 left。文本在左边界对齐,右边界呈锯齿状(称为"从左到右"文本)。

提示:将块级元素或表元素居中,要通过在这些元素上适当地设置左、右外边距来实现。

1)text-align:center 与 <CENTER>

<CENTER>不仅影响文本,还会把整个元素居中。text-align 不会控制元素的对齐,而只影响内部内容。元素本身不会从一段移到另一端,只是其中的文本受影响。

2)justify

最后一个水平对齐属性是 justify。

在两端对齐文本中,文本行的左右两端都放在父元素的内边界上。然后,调整单词和字母的间隔,使各行的长度恰好相等。需要注意的是,要由用户代理(而不是 CSS)来确定两端对齐文本如何拉伸,以填满父元素左右边界之间的空间。

(3)**字间隔**

word-spacing 属性可以改变字(单词)之间的标准间隔。其默认值 normal 与设置值为 0 是一样的。word-spacing 属性接受一个正长度值或负长度值。如果提供一个正长度值,那么字之间的间隔就会增加。下面的代码为 word-spacing 设置一个负值,会把字间距拉近。

```
p.spread {word-spacing: 30px;}
p.tight {word-spacing: -0.5em;}

<p class="spread">
    This is a paragraph. The spaces between words will be increased.
</p>

<p class="tight">
```

```
    This is a paragraph. The spaces between words will be decreased.
</p>
```

(4)字母间隔

letter-spacing 属性与 word-spacing 的区别在于字母间隔修改的是字符或字母之间的间隔。与 word-spacing 属性一样，letter-spacing 属性的可取值包括所有长度。默认关键字是 normal(这与 letter-spacing:0 相同)。输入的长度值会使字母之间的间隔增加或减少指定的量：

```
h1 {letter-spacing: -0.5em}
h4 {letter-spacing: 20px}


<h1>This is header 1</h1>
<h4>This is header 4</h4>
```

(5)字符转换

text-transform 属性处理文本的大小写。这个属性有 4 个值：none，uppercase，lowercase，capitalize。

默认值 none 表示对文本不作任何改动，将使用源文档中的原有大小写。顾名思义，uppercase 和 lowercase 将文本转换为全大写和全小写字符。最后，capitalize 只对每个单词的首字母大写。

作为一个属性，text-transform 可能无关紧要，不过如果要把所有 h1 元素变为大写，这个属性就很有用。不必单独地修改所有 h1 元素的内容，只需使用 text-transform 完成这个修改：

```
h1 {text-transform: uppercase}
```

使用 text-transform 有两方面的好处。首先，只需写一个简单的规则来完成这个修改，而无须修改 h1 元素本身。其次，如果设计者以后决定将所有大小写再切换为原来的大小写，可以更容易地完成修改。

(6)文本装饰

text-decoration 属性是一个很有意思的属性，它提供了很多非常有趣的行为。

text-decoration 有 5 个值：

- none；
- underline；
- overline；
- line-through；
- blink。

underline 会对元素加下划线，就像 HTML 中的 U 元素一样。overline 的作用恰好相反，会在文本的顶端画一条上划线。值 line-through 则在文本中间画一条贯穿线，等价于 HTML 中的 S 和 strike 元素。blink 会让文本闪烁，类似于 Netscape 支持的颇招非议的 blink 标记。

none 值会关闭原本应用到一个元素上的所有装饰。通常，无装饰的文本是默认外观，但也不总是这样。例如，链接默认会有下划线。如果希望去掉超链接的下划线，可以使用以下 CSS 来做到这一点：

```
a {text-decoration: none;}
```

注意:如果显式地用这样一个规则去掉链接的下划线,那么锚与正常文本之间在视觉上的唯一差别就是颜色。

还可以在一个规则中结合多种装饰。如果希望所有超链接既有下划线,又有上划线,则规则如下:

```
a:link a:visited {text-decoration: underline overline;}
```

不过要注意的是,如果两个不同的装饰都与同一元素匹配,胜出规则的值会完全取代另一个值。请考虑以下的规则:

```
h2. stricken {text-decoration: line-through;}
h2 {text-decoration: underline overline;}
```

对于给定的规则,所有 class 为 stricken 的 h2 元素都只有一条贯穿线装饰,而没有下划线和上划线,因为 text-decoration 值会替换而不是累积起来。

(7)**处理空白符**

white-space 属性会影响到用户代理对源文档中的空格、换行和 tab 字符的处理。

通过使用该属性,可以影响浏览器处理字之间和文本行之间空白符的方式。从某种程度上讲,默认的 XHTML 处理已经完成了空白符处理:它会把所有空白符合并为一个空格。所以给定以下标记,它在 Web 浏览器中显示时,各个字之间只会显示一个空格,同时忽略元素中的换行:

```
<p>This      paragraph has      many
    spaces              in it. </p>
```

可以用以下声明显式地设置这种默认行为:

```
p {white-space: normal;}
```

上面的规则告诉浏览器按照平常的做法去处理:丢掉多余的空白符。如果给定这个值,换行字符(回车)会转换为空格,一行中多个空格的序列也会转换为一个空格。

当对 white-space 属性设置如表 3.5 所示的值时,空格和换行符呈现不同的显示情况,具体如表 3.5 所示。

表 3.5 white-space 属性解释

值	空白符	换行符	自动换行
pre-line	合并	保留	允许
normal	合并	忽略	允许
nowrap	合并	忽略	不允许
pre	保留	保留	不允许
pre-wrap	保留	保留	允许

注意:经测试,IE 7 以及更早版本的浏览器不支持 pre 值,在 IE7 和 FireFox2.0 浏览器中经过测试,值 pre-wrap 和 pre-line 都没有得到很好的支持。

(8)**文本方向**

direction 属性影响块级元素中文本的书写方向、表中列布局的方向、内容水平填充其元素框的方向以及两端对齐元素中最后一行的位置。

注意:对于行内元素,只有当 unicode-bidi 属性设置为 embed 或 bidi-override 时才会应用 direction 属性。

direction 属性有两个值:ltr 和 rtl。大多数情况下,默认值是 ltr,显示从左到右的文本。如果显示从右到左的文本,应使用值 rtl。

(9)CSS **文本实例**

①本例演示如何设置文本的颜色。代码如下所示:

```
<html>
    <head>
        <style type="text/css">
            body {color:red}
            h1 {color:#00ff00}
            p.ex {color:rgb(0,0,255)}
        </style>
    </head>
    <body>
        <h1>这是 heading 1</h1>
        <p>这是一段普通的段落。请注意,该段落的文本是红色的。在 body 选择器
中定义了本页面中的默认文本颜色。</p>
        <p class="ex">该段落定义了 class="ex"。该段落中的文本是蓝色的。</p>
    </body>
</html>
```

上述代码的显示效果如图 3.43 所示。

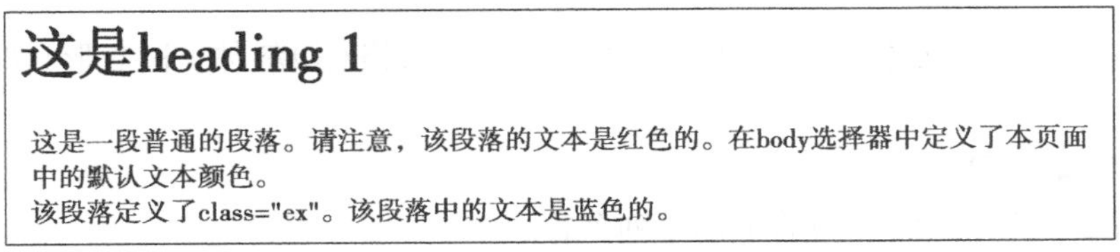

这是heading 1

这是一段普通的段落。请注意，该段落的文本是红色的。在body选择器中定义了本页面中的默认文本颜色。
该段落定义了class="ex"。该段落中的文本是蓝色的。

图 3.43　CSS 文本实例

②本例演示如何向文本添加修饰,详细代码如下所示:

```
<html>
    <head>
        <style type="text/css">
            h1 {text-decoration: overline}
            h2 {text-decoration: line-through}
            h3 {text-decoration: underline}
            h4 {text-decoration:blink}
```

```
            a {text-decoration: none}
        </style>
    </head>
    <body>
        <h1>这是标题 1 </h1>
        <h2>这是标题 2 </h2>
        <h3>这是标题 3 </h3>
        <h4>这是标题 4 </h4>
        <p> <a href="../index.html" tppabs="http://www.w3school.com.cn/index.html">这是一个链接</a> </p>
    </body>
</html>
```

上述代码的显示效果如图 3.44 所示。

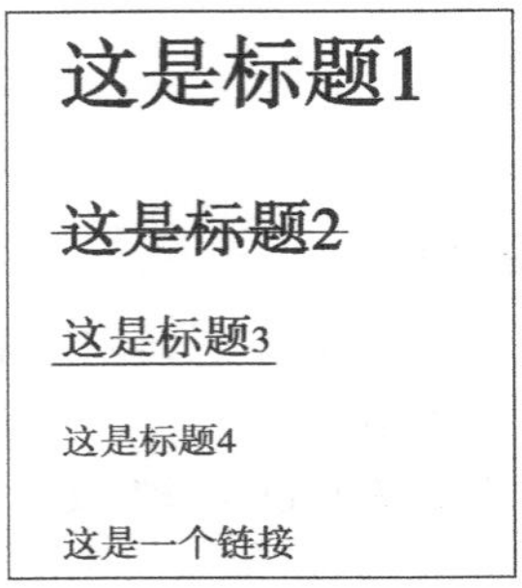

这是标题1

这是标题2

这是标题3

这是标题4

这是一个链接

图 3.44　CSS 文本修饰

3.5.3　字体属性

CSS 字体属性定义文本的字体系列、大小、加粗、风格（如斜体）和变形（如小型大写字母）。

(1) CSS 字体系列

在 CSS 中，有两种不同类型的字体系列名称：

- 通用字体系列——拥有相似外观的字体系统组合（比如“Serif”或“Monospace”）；
- 特定字体系列——具体的字体系列（比如“Times”或“Courier”）。

除了各种特定的字体系列外，CSS 定义了 5 种通用字体系列：

- Serif 字体；
- Sans-serif 字体；
- Monospace 字体；
- Cursive 字体；
- Fantasy 字体。

(2) 指定字体系列

使用 font-family 属性定义文本的字体系列。

1)使用通用字体系列

如果设计者希望文档使用一种 sans-serif 字体,但并不关心是哪一种字体,以下就是一个合适的声明:

```
body {font-family: sans-serif;}
```

2)指定字体系列

除了使用通用的字体系列,还可以通过 font-family 属性设置更具体的字体。下面的例子为所有 h1 元素设置了 Georgia 字体:

```
h1 {font-family: Georgia;}
```

这样的规则同时会产生另外一个问题,如果用户代理上没有安装 Georgia 字体,就只能使用用户代理的默认字体来显示 h1 元素。此时可以通过结合特定字体名和通用字体系列来解决这个问题:

```
h1 {font-family: Georgia, serif;}
```

3)使用引号

当字体名中有一个或多个空格(比如 New York),或者如果字体名包括#或 $之类的符号,才需要在 font-family 声明中加引号。

单引号或双引号都可以接受。但是,如果把一个 font-family 属性放在 HTML 的 style 属性中,则需要使用该属性本身未使用的那种引号:

```
<p style="font-family: Times, TimesNR, 'New Century Schoolbook', Georgia, 'New York', serif;">... </p>
```

(3)**字体风格**

font-style 属性最常用于规定斜体文本。该属性有三个值:

- normal——文本正常显示;
- italic——文本斜体显示;
- oblique——文本倾斜显示。

下面展示了三个属性值应用的情况:

```
p.normal {font-style:normal;}
p.italic {font-style:italic;}
p.oblique {font-style:oblique;}
```

在这三个属性中,italic 和 oblique 的区别在于:斜体(italic)是一种简单的字体风格,对每个字母的结构有一些小改动,来反映变化的外观。与此不同,倾斜(oblique)文本则是正常竖直文本的一个倾斜版本。通常情况下,italic 和 oblique 文本在 Web 浏览器中看上去完全一样。

(4)**字体变形**

font-variant 属性可以设定小型大写字母。小型大写字母不是一般的大写字母,也不是小写字母,这种字母采用不同大小的大写字母。其用法如下所示:

```
p {font-variant:small-caps;}
```

(5)**字体加粗**

font-weight 属性设置文本的粗细。其属性值分别为:

①bold:可以将文本设置为粗体。

②数值:关键字 100 ~ 900 为字体指定了 9 级加粗度。如果一个字体内置了这些加粗级别,那么这些数字就直接映射到预定义的级别,100 对应最细的字体变形,900 对应最粗的字体变形。数字 400 等价于 normal,而 700 等价于 bold。

③bolder:如果将元素的加粗设置为 bolder,浏览器会设置比所继承值更粗的一个字体加粗。与此相反,关键词 lighter 会导致浏览器将加粗度下移而不是上移。

```
p.normal {font-weight:normal;}
p.thick {font-weight:bold;}
p.thicker {font-weight:900;}
```

(6)**字体大小**

font-size 属性设置文本的大小,其属性值可以是绝对值或相对值。

绝对值:

- 将文本设置为指定的大小;
- 不允许用户在所有浏览器中改变文本大小(不利于可用性);
- 绝对大小在确定了输出的物理尺寸时很有用。

相对大小:

- 相对于周围的元素来设置大小;
- 允许用户在浏览器改变文本大小。

注意:如果没有规定字体大小,普通文本(比如段落)的默认大小是 16 像素(16 px = 1 em)。

1)使用像素来设置字体大小

使用像素设置字体大小是非常容易的,示例代码如下所示:

```
h1 {font-size:60px;}
h2 {font-size:40px;}
p {font-size:14px;}
```

2)使用 em 来设置字体大小

如果要避免在 Internet Explorer 中无法调整文本的问题,许多开发者使用 em 单位代替 pixels。

W3C 推荐使用 em 尺寸单位。1 em 等于当前的字体尺寸。如果一个元素的 font-size 为 16 像素,那么对于该元素,1 em 就等于 16 像素。在设置字体大小时,em 的值会相对于父元素的字体大小改变。

浏览器中默认的文本大小是 16 像素。因此 1 em 的默认尺寸是 16 像素。可以使用下面这个公式将像素转换为 em:pixels/16 = em。示例代码如下所示:(16 等于父元素的默认字体大小,假设父元素的 font-size 为 20 px,那么公式须改为:pixels/20 = em)。

```
h1 {font-size:3.75em;} /* 60px/16 =3.75em */
h2 {font-size:2.5em;}  /* 40px/16 =2.5em */
p {font-size:0.875em;} /* 14px/16 =0.875em */
```

3)结合使用百分比和 EM

在所有浏览器中均有效的方案是为 body 元素(父元素)以百分比设置默认的 font-size 值:

```
body {font-size:100%;}
h1 {font-size:3.75em;}
h2 {font-size:2.5em;}
p {font-size:0.875em;}
```

3.5.4　背景属性

(1)背景色

可以使用 background-color 属性为元素设置背景色。以下这条规则把元素的背景设置为灰色:

```
p {background-color: gray;}
```

可以为所有元素设置背景色,包括 body 一直到 em 和 a 等行内元素。background-color 不能继承,其默认值是 transparent,transparent 有“透明”之意。也就是说,如果一个元素没有指定背景色,那么背景就是透明的,这样其祖先元素的背景才可见。

(2)背景图像

要把图像放入背景,需要使用 background-image 属性。background-image 属性的默认值是 none,表示背景上没有放置任何图像。如果需要设置一个背景图像,必须为这个属性设置一个 URL 值,其基本写法为:

```
body {background-image: url(/i/eg_bg_04.gif);}
```

下面的例子为一个段落应用了一个背景,而不会对文档的其他部分应用背景:

```
p.flower {background-image: url(/i/eg_bg_03.gif);}
```

甚至可以为行内元素设置背景图像,下面的例子为一个链接设置了背景图像:

```
a.radio {background-image: url(/i/eg_bg_07.gif);}
```

(3)背景重复

如果需要在页面上对背景图像进行平铺,可以使用 background-repeat 属性。属性值 repeat 导致图像在水平垂直方向上都平铺,就跟以往背景图像的通常做法一样。repeat-x 和 repeat-y 分别导致图像只在水平或垂直方向上重复,no-repeat 则不允许图像在任何方向上平铺。

默认地,背景图像将从一个元素的左上角开始。请看下面的例子:

```
body
  {
  background-image: url(/i/eg_bg_03.gif);
  background-repeat: repeat-y;
  }
```

(4)背景定位

可以利用 background-position 属性改变图像在背景中的位置。下面的例子在 body 元素中将一个背景图像居中放置:

```
body
  {
    background-image:url('/i/eg_bg_03.gif');
    background-repeat:no-repeat;
    background-position:center;
  }
```

background-position 属性提供值有很多选择。首先,可以使用一些关键字:top、bottom、left、right 和 center。还可以使用长度值,如 100 px 或 5 cm,最后也可以使用百分数值。不同类型的值对于背景图像的放置稍有差异。下面对这些属性值类型进行介绍。

1)关键字

图像放置关键字最容易理解,其作用正如其名称所表明的那样。例如,top right 使图像放置在元素内边距区的右上角。根据规范,位置关键字可以按任何顺序出现,只要保证不超过两个关键字即可,一个对应水平方向,另一个对应垂直方向。如果只出现一个关键字,则认为另一个关键字是 center。

所以,如果希望每个段落的中部上方出现一个图像,只需声明如下:

```
p
  {
    background-image:url('bgimg.gif');
    background-repeat:no-repeat;
    background-position:top;
  }
```

等价的位置关键字见表 3.6。

表 3.6 关键字详解

单一关键字	等价的关键字
center	center center
top	top center 或 center top
bottom	bottom center 或 center bottom
right	right center 或 center right
left	left center 或 center left

2)百分数值

百分数值的表现方式更为复杂。假设希望用百分数值将图像在其元素中居中,需要如下设置:

```
body
  {
    background-image:url('/i/eg_bg_03.gif');
    background-repeat:no-repeat;
    background-position:50% 50%;
  }
```

这会导致图像居中放置，其中心与其元素的中心对齐。换句话说，百分数值同时应用于元素和图像。也就是说，图像中描述为“50% 50%的点（中心点）与元素中描述为“50% 50%”的点（中心点）对齐。如果图像位于“0% 0%”，其左上角将放在元素内边距区的左上角。如果图像位置是“100% 100%”，会使图像的右下角放在右边距的右下角。因此，如果需要把一个图像放在水平方向 2/3、垂直方向 1/3 处，可以这样声明：

```
body
  {
    background-image:url('/i/eg_bg_03.gif');
    background-repeat:no-repeat;
    background-position:66% 33%;
  }
```

如果只提供一个百分数值，所提供的这个值将用作水平值，垂直值将假设为 50%。这一点与关键字类似。background-position 的默认值是“0% 0%”，在功能上相当于 top left。这就解释了背景图像为什么总是从元素内边距区的左上角开始平铺，除非设置了不同的位置值。

3）长度值

长度值解释的是元素内边距区左上角的偏移。偏移点是图像的左上角。比如，如果设置值为“50 px 100 px”，图像的左上角将在元素内边距区左上角向右 50 像素、向下 100 像素的位置上：

```
body
  {
    background-image:url('/i/eg_bg_03.gif');
    background-repeat:no-repeat;
    background-position:50px 100px;
  }
```

注意，这一点与百分数值不同，因为偏移只是从一个左上角到另一个左上角。也就是说，图像的左上角与 background-position 声明中的指定的点对齐。

（5）背景关联

如果文档比较长，那么当文档向下滚动时，背景图像也会随之滚动。当文档滚动到超过图像的位置时，图像就会消失。可以通过 background-attachment 属性防止这种滚动。通过这个属性，可以声明图像相对于可视区是固定的（fixed），因此不会受到滚动的影响：

```
body
  {
  background-image:url(/i/eg_bg_02.gif);
  background-repeat:no-repeat;
  background-attachment:fixed
  }
```

3.5.5 列表属性

CSS 列表属性允许放置、改变列表项标志,或者将图像作为列表项标志。

(1)CSS **列表**

从某种意义上讲,不是描述性文本的任何内容都可以认为是列表。人口普查、太阳系、家谱、参观菜单,甚至所有朋友都可以表示为一个列表或者是列表的列表。

由于列表如此多样,这使得列表相当重要,所以说,CSS 中列表样式不太丰富确实是一大憾事。

(2)CSS **列表属性**(list)

list 属性种类及其描述见表 3.7。

表 3.7 list **属性介绍**

属　性	描　述
list-style	简写属性。把所有用于列表的属性设置于一个声明中
list-style-image	将图像设置为列表项标志
list-style-position	设置列表中列表项标志的位置
list-style-type	设置列表项标志的类型
marker-offset	设置 marker 类容器的水平间距

1)列表类型

要影响列表的样式,最简单(同时支持最充分)的办法就是改变其标志类型。

例如,在一个无序列表中,列表项的标志(marker)是出现在各列表项旁边的圆点。在有序列表中,标志可能是字母、数字或另外某种计数体系中的一个符号。要修改用于列表项的标志类型,可以使用 list-style-type 属性。

```
ul {list-style-type: square}
```

上面的声明把无序列表中的列表项标志设置为方块。

2)列表项图像

有时,常规的标志是不够的。设计者可能想对各标志使用一个图像,这可以利用 list-style-image 属性做到:

```
ul li {list-style-image : url(xxx.gif)}
```

只需要简单地使用一个 url()值,就可以使用图像作为标志。

3)列表标志位置

CSS2.1 可以确定标志出现在列表项内容之外还是内容内部。这是利用 list-style-position 完成的。

4)简写列表样式

为简单起见,可以将以上 3 个列表样式属性合并为一个 list-style 属性,就像这样:

```
li {list-style : url(example.gif) square inside}
```

list-style 的值可以按任何顺序列出,而且这些值都可以忽略。只要提供了一个值,其他的就会填入其默认值。

接下来的代码用于表示应用不同的 CSS 样式表达不同类型的列表。

```
<html>
    <head>
        <style type="text/css">
            ul.disc {list-style-type: disc}
            ul.circle {list-style-type: circle}
            ul.square {list-style-type: square}
            ul.none {list-style-type: none}
        </style>
    </head>
    <body>
            <ul class="disc">
                <li>咖啡</li>
                <li>茶</li>
                <li>可口可乐</li>
            </ul>
            <ul class="circle">
                <li>咖啡</li>
                <li>茶</li>
                <li>可口可乐</li>
            </ul>
            <ul class="square">
                <li>咖啡</li>
                <li>茶</li>
                <li>可口可乐</li>
            </ul>
            <ul class="none">
                <li>咖啡</li>
                <li>茶</li>
                <li>可口可乐</li>
            </ul>
        </body>
</html>
```

上述代码的运行效果如图 3.45 所示。

接下来的例子用于演示在何处放置列表标记,代码如下:

- 咖啡
- 茶
- 可口可乐

○ 咖啡
○ 茶
○ 可口可乐

▪ 咖啡
▪ 茶
▪ 可口可乐

咖啡
茶
可口可乐

图 3.45　列表效果

```
<html>
    <head>
        <style type="text/css">
            ul.inside{
                list-style-position: inside
            }
            ul.outside {
                list-style-position: outside
            }
        </style>
    </head>
    <body>
        <p>该列表的 list-style-position 的值是 "inside":</p>
        <ul class="inside">
            <li>Earl Grey Tea - 一种黑颜色的茶</li>
            <li>Jasmine Tea - 一种神奇的“全功能”茶</li>
            <li>Honeybush Tea - 一种令人愉快的果味茶</li>
        </ul>
        <p>该列表的 list-style-position 的值是 "outside":</p>
        <ul class="outside">
            <li>Earl Grey Tea - 一种黑颜色的茶</li>
            <li>Jasmine Tea - 一种神奇的“全功能”茶</li>
            <li>Honeybush Tea - 一种令人愉快的果味茶</li>
        </ul>
    </body>
</html>
```

上述代码在浏览器中运行的结果如图 3.46 所示。

该列表的list-style-position的值是"inside":

- Earl Grey Tea-一种黑颜色的茶
- Jasmine Tea-一种神奇的“全功能”茶
- Honeybush Tea-一种令人愉快的果味茶

该列表的list-style-position的值是"outside":

- Earl Grey Tea-一种黑颜色的茶
- Jasmine Tea-一种神奇的“全功能”茶
- Honeybush Tea-一种令人愉快的果味茶

图 3.46　列表位置设置

3.5.6　边界属性

(1) CSS margin **属性**

设置外边距的最简单的方法就是使用 margin 属性。

margin 属性接受任何长度单位,可以是像素、英寸、毫米或 em。margin 可以设置为 auto。更常见的做法是为外边距设置长度值。下面的声明在 h1 元素的各个边上设置了 1/4 英寸宽的空白:

```
h1 {margin: 0.25in;}
```

下面的例子为 h1 元素的 4 个边分别定义了不同的外边距,所使用的长度单位是像素(px):

```
h1 {margin: 10px 0px 15px 5px;}
```

属性值的顺序是从上外边距(top)开始围着元素顺时针旋转的:

```
margin: top right bottom left
```

有时可以通过复制属性值,而不必输入 4 个属性值。上面的规则与下面的规则是等价的:

```
p {margin: 0.5em 1em;}
```

这两个值可以取代前面 4 个值。这是如何做到的呢? CSS 定义了一些规则,允许为外边距指定少于 4 个值。规则如下:

- 如果缺少左外边距的值,则使用右外边距的值;
- 如果缺少下外边距的值,则使用上外边距的值;
- 如果缺少右外边距的值,则使用上外边距的值。

图 3.47 提供了更直观的方法来了解这一点。

(2) CSS padding **属性**

CSS padding 属性定义元素边框与元素内容之间的空白区域。padding 属性接受长度值或百分比值,但不允许使用负值。例如,如果希望所有 h1 元素的各边都有 10 像素的内边距,只需要这样:

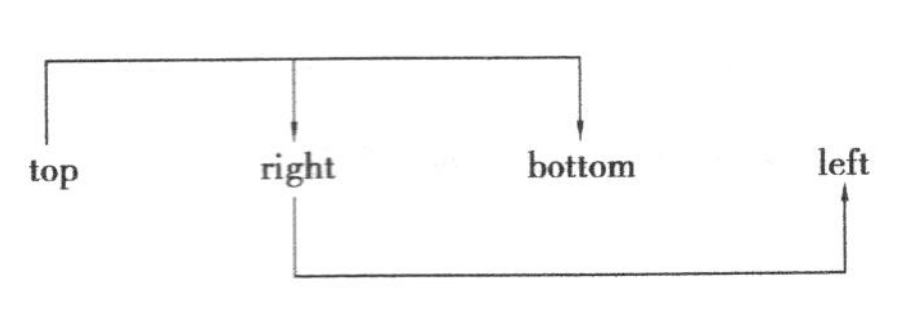

图 3.47　值复制示意图

```
h1 {padding: 10px;}
```

还可以按照上、右、下、左的顺序分别设置各边的内边距，各边均可以使用不同的单位或百分比值：

```
h1 {padding: 10px 0.25em 2ex 20%;}
```

1）单边内边距属性

关于 CSS 内边距 padding 的属性及描述见表 3.8。

表 3.8　padding 属性及描述

属　性	描　述
padding	简写属性。作用是在一个声明中设置元素的所内边距属性
padding-bottom	设置元素的下内边距
padding-left	设置元素的左内边距
padding-right	设置元素的右内边距
padding-top	设置元素的上内边距

通过使用 padding-top、padding-right、padding-bottom、padding-left 单独的属性，分别设置上、右、下、左内边距，示例代码如下所示：

```
h1 {
  padding-top: 10px;
  padding-right: 0.25em;
  padding-bottom: 2em;
  padding-left: 20%;
  }
```

2）内边距的百分比数值

可以为元素的内边距设置百分数值。百分数值是相对于其父元素的 width 计算的。下面这条规则把段落的内边距设置为父元素 width 的 10%：

```
p {padding: 10%;}
```

例如：如果一个段落的父元素是 div 元素，那么它的内边距要根据 div 的 width 计算。

```
<div style="width: 200px;">
    <p>This paragragh is contained within a DIV that has a width of 200 pixels.</p>
</div>
```

注意：上下内边距与左右内边距一致，即上下内边距的百分数会相对于父元素宽度设置，而不是相对于高度。

3.5.7 边框属性

CSS 的 border-style 属性定义了 10 个不同的非 inherit 样式,包括 none。例如,可以把一幅图片的边框定义为 outset,使之看上去像“凸起按钮”:

```
a:link img {border-style: outset;}
```

(1)定义多种样式

可以为一个边框定义多个样式,例如:

```
p.aside {border-style: solid dotted dashed double;}
```

上面这条规则为类名为 aside 的段落定义了 4 种边框样式:实线上边框、点线右边框、虚线下边框和一个双线左边框。其中的值采用了 top-right-bottom-left 的顺序依次为上、右、下、左完成边框样式的设置。

(2)定义单边样式

如果希望为元素框的某一个边设置边框样式,而不是设置所有 4 个边的边框样式,可以使用下面的单边边框样式属性:

- border-top-style;
- border-right-style;
- border-bottom-style;
- border-left-style。

上面的方法等价于以下内容:

```
p {border-style: solid solid solid none;}
p {border-style: solid; border-left-style: none;}
```

(3)边框的宽度

通过 border-width 属性可以为边框指定宽度。为边框指定宽度有两种方法:可以指定长度值,比如 2 px 或 0.1 em;或者使用 3 个关键字之一,它们分别是 thin、medium(默认值)和 thick。

CSS 没有定义 3 个关键字的具体宽度,所以一个用户代理可能把 thin、medium 和 thick 分别设置为等于 5 px、3 px 和 2 px,而另一个用户代理则分别设置为 3 px、2 px 和 1 px。

可以这样设置边框的宽度:

```
p {border-style: solid; border-width: 5px;}
```

或者:

```
p {border-style: solid; border-width: thick;}
```

(4)边框的颜色

CSS 使用 border-color 属性设置边框颜色,一次可以接受最多 4 个颜色值。

可以使用任何类型的颜色值,例如可以是命名颜色,也可以是十六进制和 RGB 值:

```
p {
   border-style: solid;
   border-color: blue rgb(25%,35%,45%) #909090 red;
   }
```

在下面的示例中将演示如何创造一个漂亮的表格。

```
<html>
<head>
    <style type="text/css">
        #customers { font-family:"Trebuchet MS", Arial, Helvetica, sans-serif; width:100%; border-collapse:collapse; }
        #customers td, #customers th { font-size:1em; border:1px solid #98bf21; padding:3px 7px 2px 7px; }
        #customers th { font-size:1.1em; text-align:left; padding-top:5px; padding-bottom:4px; background-color:#A7C942; color:#ffffff; }
        #customers tr.alt td { color:#000000; background-color:#EAF2D3; }
    </style>
</head>
<body>
    <table id="customers">
        <tr><th>Company</th><th>Contact</th><th>Country</th></tr>
        <tr><td>Apple</td><td>Steven Jobs</td><td>USA</td></tr>
        <tr class="alt"><td>Baidu</td><td>Li YanHong</td><td>China</td></tr>
        <tr><td>Google</td><td>Larry Page</td><td>USA</td></tr>
        <tr class="alt"><td>Lenovo</td><td>Liu Chuanzhi</td><td>China</td></tr>
        <tr><td>Microsoft</td><td>Bill Gates</td><td>USA</td></tr>
        <tr class="alt"><td>Nokia</td><td>Stephen Elop</td><td>Finland</td></tr>
    </table>
</body>
</html>
```

上述代码的显示效果如图 3.48 所示。

Company	Contact	Country
Apple	Steven Jobs	USA
Baidu	Li YanHong	China
Google	Larry Page	USA
Lenovo	Liu Chuanzhi	China
Microsoft	Bill Gates	USA
Nokia	Stephen Elop	Finland

图 3.48　CSS 修饰后的表格效果

3.5.8　浮动和清除

浮动的框可以向左或向右移动，直到它的外边缘碰到包含框或另一个浮动框的边框为止。由于浮动框不在文档普通流中，所以文档普通流中的块框表现得就像浮动框不存在一样。

(1)CSS 浮动介绍

如图 3.49 所示，当把框 1 向右浮动时，它脱离文档流并且向右移动，直到它的右边缘碰到包含框的右边缘。

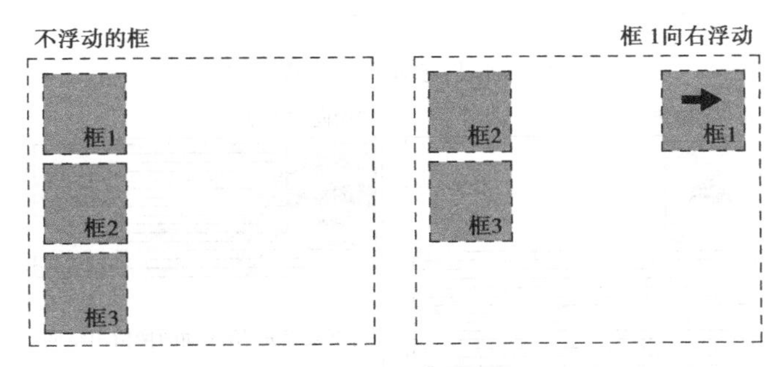

图 3.49　设置向右浮动

如图 3.50 所示，当框 1 向左浮动时，它脱离文档流并且向左移动，直到它的左边缘碰到包含框的左边缘。因为框 1 不再处于文档流中，所以它不占据空间，实际上覆盖住了框 2，使框 2 从视图中消失。

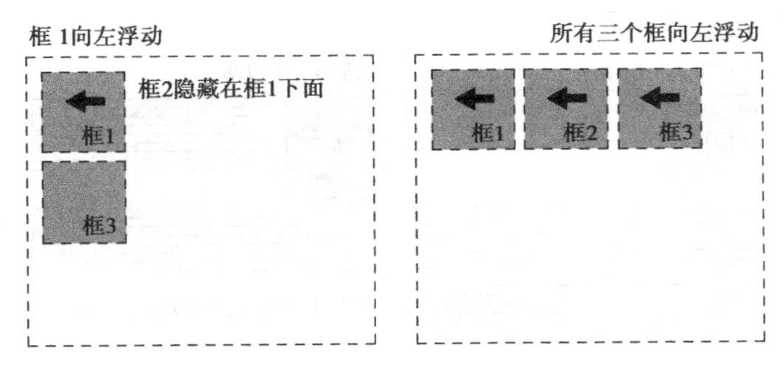

图 3.50　设置向左浮动

如果把所有三个框都向左移动，那么框 1 向左浮动直到碰到包含框，另外两个框向左浮动直到碰到前一个浮动框。

如图 3.51 所示，如果包含框太窄，无法容纳水平排列的三个浮动元素，那么其他浮动块向下移动，直到有足够的空间。如果浮动元素的高度不同，那么当它们向下移动时可能被其他浮动元素“卡住”。

(2)CSS float 属性

在 CSS 中，通过 float 属性实现元素的浮动。

(3)行框和清理

浮动框旁边的行框被缩短，从而给浮动框留出空间，行框围绕浮动框。因此，创建浮动框可以使文本围绕图像，如图 3.52 所示。

要想阻止行框围绕浮动框，需要对该框应用 clear 属性。clear 属性的值可以是 left、right、

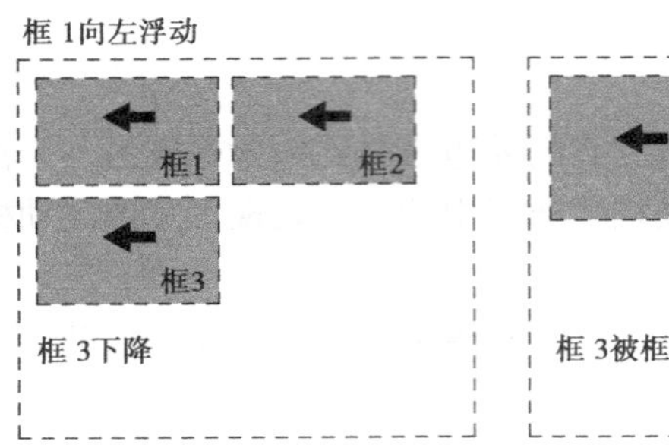

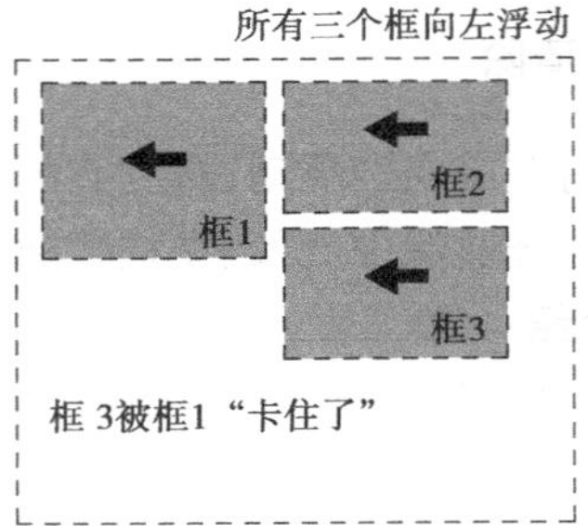

图 3.51　水平空间不够时的浮动效果

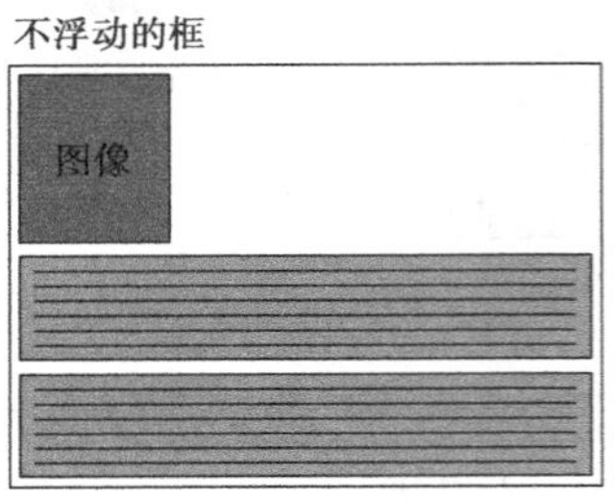

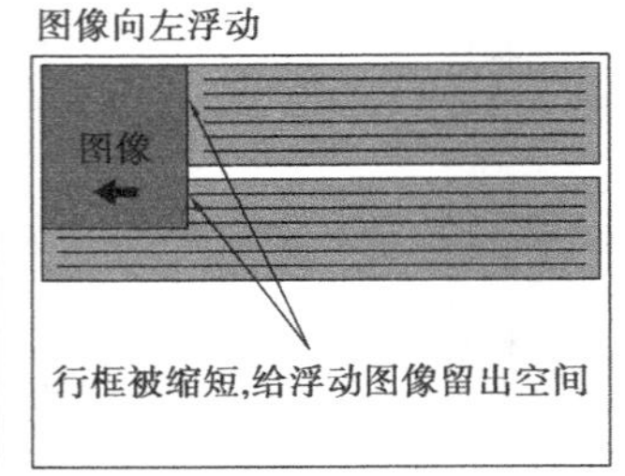

图 3.52　行框围绕浮动框效果

both 或 none,它表示框的哪些边不应该挨着浮动框。

为了实现这种效果,在被清理元素的上外边距上添加足够的空间,使元素的顶边缘垂直下降到浮动框下面,如图 3.53 所示。

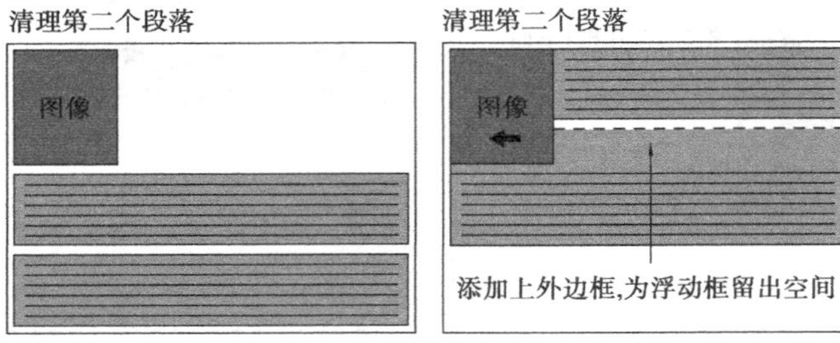

图 3.53　添加上外边距

这是一个有用的工具,它让周围的元素为浮动元素留出空间。

假设希望让一个图片浮动到文本块的左边,并且希望这幅图片和文本包含在另一个具有背景颜色和边框的元素中。设计者可能编写下面的代码:

```
.news {
  background-color: gray;
  border: solid 1px black;
  }

.news img {
  float: left;
  }
```

```
.news p {
  float: right;
  }

<div class = "news" >
<img src = "news-pic.jpg" />
<p > some text </p >
</div >
```

这种情况下，出现了一个问题：因为浮动元素脱离了文档流，所以包围图片和文本的 div 不占据空间。

如何让包围元素在视觉上包围浮动元素呢？需要在这个元素中的某个地方应用 clear，如图 3.54 所示。

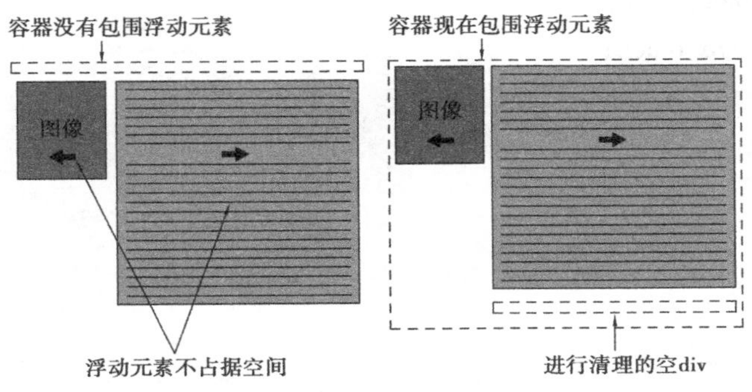

图 3.54　设置 clear 样式

不幸的是出现了一个新的问题：由于没有现有的元素可以应用清理，所以只能添加一个空元素并且清理它。

```
.news {
  background-color: gray;
  border: solid 1px black;
  }

.news img {
  float: left;
  }

.news p {
  float: right;
  }

.clear {
```

```
        clear: both;
    }

  <div class = "news" >
  <img src = "news-pic. jpg" />
  <p >some text </p >
  <div class = "clear" > </div >
  </div >
```

这样可以实现设计者希望的效果，但是需要添加多余的代码。常常有元素可以应用clear，但是有时候不得不为了进行布局而添加无意义的标记。

不过还有另一种办法，那就是对容器 div 进行浮动：

```
.news {
  background-color: gray;
  border: solid 1px black;
  float: left;
  }

.news img {
  float: left;
  }

.news p {
  float: right;
  }

 <div class = "news" >
 <img src = "news-pic. jpg" />
 <p >some text </p >
 </div >
```

这样会得到设计者希望的效果。不幸的是，下一个元素会受到这个浮动元素的影响。为了解决这个问题，有些人选择对布局中的所有东西进行浮动，然后使用适当的、有意义的元素（常常是站点的页脚）对这些浮动进行清理。这有助于减少或消除不必要的标记。

1）clear 属性

clear 属性作用是使元素打破一直向上的布局方式，改为紧挨上级元素向下布局。基本格式如下：

{clear:both;} {clear:left;} {clear:right;}

2）浮动和清理实例

下面的实例用于演示使图像浮动于段落的右侧，向图像添加边框和边界。

```
<html>
    <head>
        <style type="text/css">
            img {
                float:right;
                border:1px dotted black;
                margin:0px 0px 15px 20px;
            }
        </style>
    </head>
    <body>
        <p>在下面的段落中,图像会浮动到右侧,并且添加了点状的边框。我们还为图像添加了边距,这样就可以把文本推离图像:上和右外边距是 0 px,下外边距是 15 px,而图像左侧的外边距是 20 px。</p>
        <p>
        <img src="../i/eg_cute.gif" tppabs="http://www.w3school.com.cn/i/eg_cute.gif" />
            This is some text. This is some text. This is some text.
            This is some text. This is some text. This is some text.
            This is some text. This is some text. This is some text.
            This is some text. This is some text. This is some text.
            This is some text. This is some text. This is some text.
            This is some text. This is some text. This is some text.
            This is some text. This is some text. This is some text.
            This is some text. This is some text. This is some text.
            This is some text. This is some text. This is some text.
            This is some text. This is some text. This is some text.
        </p>
    </body>
</html>
```

上述代码运行效果如图 3.55 所示。

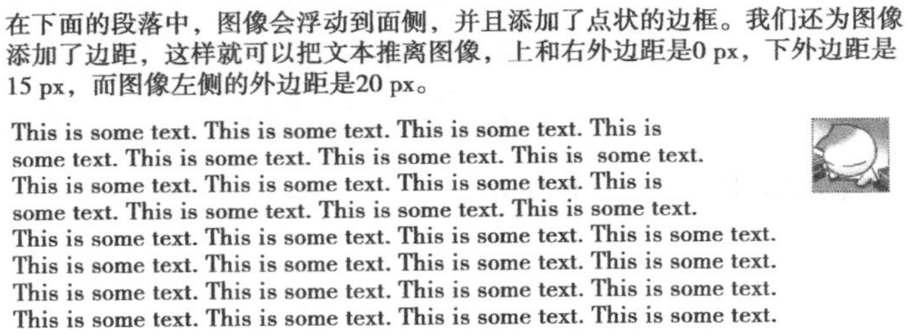

在下面的段落中，图像会浮动到面侧，并且添加了点状的边框。我们还为图像添加了边距，这样就可以把文本推离图像，上和右外边距是0 px，下外边距是15 px，而图像左侧的外边距是20 px。

This is some text. This is some text.

图 3.55　浮动和清理实例效果

下面的实例用于表示使段落的首字母浮动于左侧,并向这个字母添加样式。

```
<html>
    <head>
        <style type="text/css">
            span{
                float:left;
                width:0.7em;
                font-size:400%;
                font-family:algerian,courier;
                line-height:80%;
            }
        </style>
    </head>
    <body>
        <p>
            <span>T</span>This is some text.
            This is some text. This is some text.
            This is some text. This is some text. This is some text.
            This is some text. This is some text. This is some text.
            This is some text. This is some text. This is some text.
            This is some text. This is some text. This is some text.
            This is some text. This is some text. This is some text.
            This is some text. This is some text. This is some text.
        </p>
        <p>
            在上面的段落中,文本的第一个字母包含在一个 span 元素中。这个 span
元素的宽度是当前字体尺寸的 0.7 倍。span 元素的字体尺寸是 400%,行高是 80%。span 中
的字母字体是"Algerian"
        </p>
    </body>
</html>
```

上面的代码最终显示效果如图 3.56 所示。

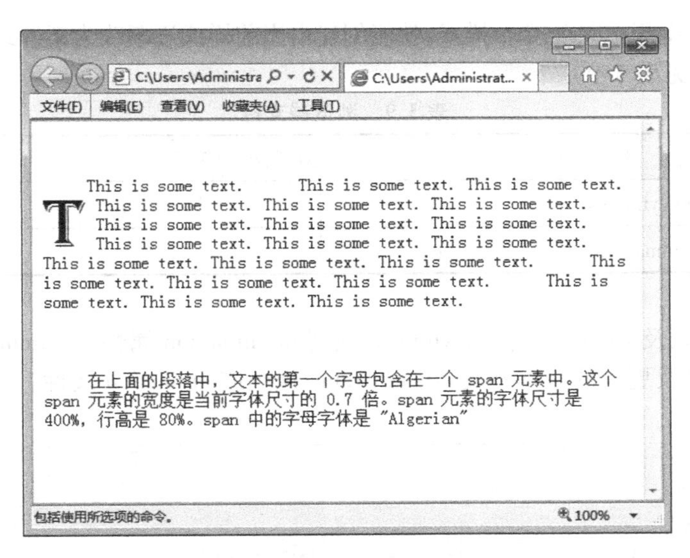

图3.56 段首字母浮动

3.5.9 显示属性

就像所有的元素都有 position 属性一样，所有的元素也都有 display 属性。尽管 display 的值有很多，但是大多数元素的 display 值不是 block 就是 inline。下面来介绍一下块级元素和行内元素。

块级元素，例如段落、标题、列表等，在浏览器中上下堆叠显示；

行内元素，比如 a，span，img 等，在浏览器中左右并排显示，只有在前一行没有空间的时候才会显示到下一行。

块级元素和行内元素的转换可以通过设定 CSS 规则实现。

①将块级元素改为行内元素：

P{display:inline};ul{display:inline;}

②将行内元素改为块级元素：

Img{dislay:block;}、span{display:block;}

display 还有一个属性是 none，当设置元素属性为 display:none 时，该元素不在文档结构中显示并且所占据的空间也会被收回，相对的属性是 visibility，值有 visible（默认）和 hidde。当元素 visibility 属性值为 hidden 时，文档结构中不会显示该元素，但是其占用空间仍然存在，即"虚位以待"。

3.6 动画及3D转换

通过 CSS3 能够创建动画，这可以在许多网页中取代动画图片、Flash 动画以及 JavaScript。

3.6.1 CSS3 @keyframes 规则

如需在 CSS3 中创建动画，设计者需要学习@keyframes 规则。@keyframes 规则用于创建动画。在@keyframes 中规定某项 CSS 样式，就能创建由当前样式逐渐改为新样式的动画效果。

浏览器支持(**见表** 3.9)

表 3.9　**浏览器支持**

属　性	浏览器支持				
@keyframes					
animation					

IE10、Firefox 以及 Opera 支持@keyframes 规则和 animation 属性。Chrome 和 Safari 需要前缀-webkit-。IE9 以及更早的版本不支持@keyframe 规则或 animation 属性。

实例：

```
@keyframes myfirst
{
from {background: red;}
to {background: yellow;}
}

@ -moz-keyframes myfirst /* Firefox */
{
from {background: red;}
to {background: yellow;}
}

@ -webkit-keyframes myfirst /* Safari 和 Chrome */
{
from {background: red;}
to {background: yellow;}
}

@ -o-keyframes myfirst /* Opera */
{
from {background: red;}
to {background: yellow;}
}
```

当在@keyframes 中创建动画时，请把它捆绑到某个选择器，否则不会产生动画效果。通过规定至少以下两项 CSS3 动画属性，即可将动画绑定到选择器：

- 规定动画的名称；
- 规定动画的时长。

下面的示例把“myfirst”动画捆绑到 div 元素，时长为 5 s：

```
div
{
animation: myfirst 5s;
-moz-animation: myfirst 5s;  /* Firefox */
-webkit-animation: myfirst 5s;  /* Safari 和 Chrome */
-o-animation: myfirst 5s;  /* Opera */
}
```

注意:必须定义动画的名称和时长。如果忽略时长,则动画不会允许,因为默认值是 0。

3.6.2 创建 CSS3 动画

动画是使元素从一种样式逐渐变化为另一种样式的效果。在开发中,可以改变任意多的样式任意多的次数。

在制作动画时,约定使用百分比来规定变化发生的时间,或用关键词“from”和“to”等同于 0% 和 100% 。0% 表示动画的开始,100% 表示动画的结束。为了得到最佳的浏览器支持,应该始终定义 0% 和 100% 选择器。下面的示例用于制作如下效果:当动画为 25% 及 50% 时改变背景色,然后当动画 100% 完成时再次改变。

```
@keyframes myfirst
{
0%   {background: red;}
25%  {background: yellow;}
50%  {background: blue;}
100% {background: green;}
}

@-moz-keyframes myfirst /* Firefox */
{
0%   {background: red;}
25%  {background: yellow;}
50%  {background: blue;}
100% {background: green;}
}

@-webkit-keyframes myfirst /* Safari 和 Chrome */
{
0%   {background: red;}
25%  {background: yellow;}
50%  {background: blue;}
```

```
100%  {background: green;}
}

@-o-keyframes myfirst /* Opera */
{
0%     {background: red;}
25%    {background: yellow;}
50%    {background: blue;}
100%  {background: green;}
}
```

下面的示例用于改变背景色和位置：

```
@keyframes myfirst
{
0%     {background: red; left:0px; top:0px;}
25%    {background: yellow; left:200px; top:0px;}
50%    {background: blue; left:200px; top:200px;}
75%    {background: green; left:0px; top:200px;}
100% {background: red; left:0px; top:0px;}
}

@-moz-keyframes myfirst /* Firefox */
{
0%     {background: red; left:0px; top:0px;}
25%    {background: yellow; left:200px; top:0px;}
50%    {background: blue; left:200px; top:200px;}
75%    {background: green; left:0px; top:200px;}
100% {background: red; left:0px; top:0px;}
}
@-webkit-keyframes myfirst /* Safari 和 Chrome */
{
0%     {background: red; left:0px; top:0px;}
25%    {background: yellow; left:200px; top:0px;}
50%    {background: blue; left:200px; top:200px;}
75%    {background: green; left:0px; top:200px;}
100% {background: red; left:0px; top:0px;}
}

@-o-keyframes myfirst /* Opera */
```

```
{
0%   {background: red; left:0px; top:0px;}
25%  {background: yellow; left:200px; top:0px;}
50%  {background: blue; left:200px; top:200px;}
75%  {background: green; left:0px; top:200px;}
100% {background: red; left:0px; top:0px;}
}
```

3.6.3　CSS3 动画属性

@keyframes 规则和所有动画属性见表 3.10。

表 3.10　@keyframes 规则和所有动画属性

属　性	描　述	CSS
@keyframes	规定动画	3
animation	所有动画属性的简写属性,除了 animation-play-state 属性	3
animation-name	规定@keyframes 动画的名称	3
animation-duration	规定动画完成一个周期所花费的秒或毫秒,默认是 0	3
animation-timing-function	规定动画的速度曲线,默认是“ease”	3
animation-delay	规定动画何时开始,默认是 0	3
animation-iteration-count	规定动画被播放的次数,默认是 1	3
animation-direction	规定动画是否在下一周期逆向地播放,默认是“normal”	3
animation-play-state	规定动画是否正在运行或暂停,默认是“running”	3
animation-fill-mode	规定对象动画时间之外的状态	3

下面两个例子设置了所有动画属性。

①运行名为“myfirst”的动画,其中设置了所有动画属性:

```
div
{
animation-name: myfirst;
animation-duration: 5s;
animation-timing-function: linear;
animation-delay: 2s;
animation-iteration-count: infinite;
animation-direction: alternate;
animation-play-state: running;
/* Firefox: */
```

```
-moz-animation-name: myfirst;
-moz-animation-duration: 5s;
-moz-animation-timing-function: linear;
-moz-animation-delay: 2s;
-moz-animation-iteration-count: infinite;
-moz-animation-direction: alternate;
-moz-animation-play-state: running;
/* Safari 和 Chrome: */
-webkit-animation-name: myfirst;
-webkit-animation-duration: 5s;
-webkit-animation-timing-function: linear;
-webkit-animation-delay: 2s;
-webkit-animation-iteration-count: infinite;
-webkit-animation-direction: alternate;
-webkit-animation-play-state: running;
/* Opera: */
-o-animation-name: myfirst;
-o-animation-duration: 5s;
-o-animation-timing-function: linear;
-o-animation-delay: 2s;
-o-animation-iteration-count: infinite;
-o-animation-direction: alternate;
-o-animation-play-state: running;
}
```

②下面的示例与上面的动画相同,但是使用了简写的动画 animation 属性:

```
div
{
animation: myfirst 5s linear 2s infinite alternate;
/* Firefox: */
-moz-animation: myfirst 5s linear 2s infinite alternate;
/* Safari 和 Chrome: */
-webkit-animation: myfirst 5s linear 2s infinite alternate;
/* Opera: */
-o-animation: myfirst 5s linear 2s infinite alternate;
}
```

3.6.4　3D 转换

CSS3 允许使用 3D 转换来对元素进行格式化。下面介绍一些 3D 转换方法：

- rotateX()；
- rotateY()。

转换是使元素改变形状、尺寸和位置的一种效果，可以使用 2D 或 3D 转换来转换元素。

(1)浏览器支持(见表 3.11)

表 3.11　浏览器支持

属　性	浏览器支持				
transform					

IE10 和 Firefox 支持 3D 转换。Chrome 和 Safari 需要前缀-webkit-。Opera 仍然不支持 3D 转换(它只支持 2D 转换)。

(2)rotateX()方法

通过 rotateX()方法，元素围绕其 X 轴以给定的度数进行旋转。示例如下：

```
div
{
transform: rotateX(120deg);
-webkit-transform: rotateX(120deg);   /* Safari 和 Chrome */
-moz-transform: rotateX(120deg);   /* Firefox */
}
```

(3)rotateY()旋转

通过 rotateY()方法，元素围绕其 Y 轴以给定的度数进行旋转。示例如下：

```
div
{
transform: rotateY(130deg);
-webkit-transform: rotateY(130deg);   /* Safari 和 Chrome */
-moz-transform: rotateY(130deg);   /* Firefox */
}
```

(4)转换属性

所有的转换属性见表 3.12。

表 3.12　转换属性

属　性	描　述	CSS
transform	向元素应用 2D 或 3D 转换	3
transform-origin	允许改变被转换元素的位置	3
transform-style	规定被嵌套元素如何在 3D 空间中显示	3

续表

属　性	描　述	CSS
perspective	规定 3D 元素的透视效果	3
perspective-origin	规定 3D 元素的底部位置	3
backface-visibility	定义元素在不面对屏幕时是否可见	3

2D Transform 方法见表 3.13。

表 3.13　2D Transform 方法

函　数	描　述
matrix3d(*n*,*n*,*n*,*n*,*n*,*n*,*n*,*n*,*n*,*n*,*n*,*n*,*n*,*n*,*n*,*n*)	定义 3D 转换,使用 16 个值的 4×4 矩阵
translate3d(*x*,*y*,*z*)	定义 3D 转化
translateX(*x*)	定义 3D 转化,仅使用用于 X 轴的值
translateY(*y*)	定义 3D 转化,仅使用用于 Y 轴的值
translateZ(*z*)	定义 3D 转化,仅使用用于 Z 轴的值
scale3d(*x*,*y*,*z*)	定义 3D 缩放转换
scaleX(*x*)	定义 3D 缩放转换,通过给定一个 X 轴的值
scaleY(*y*)	定义 3D 缩放转换,通过给定一个 Y 轴的值
scaleZ(*z*)	定义 3D 缩放转换,通过给定一个 Z 轴的值
rotate3d(*x*,*y*,*z*,*angle*)	定义 3D 旋转
rotateX(*angle*)	定义沿 X 轴的 3D 旋转
rotateY(*angle*)	定义沿 Y 轴的 3D 旋转
rotateZ(*angle*)	定义沿 Z 轴的 3D 旋转
perspective(*n*)	定义 3D 转换元素的透视视图

第4章 JavaScript

JavaScript 是一种基于 Web 浏览器的脚本语言,可用来改善 Web 页的设计、验证表单、检测浏览器、建立 COOKIE 及实现其他的一些功能。JavaScript 在互联网十分流行,并且能工作在大部分的浏览器上,如 IE,Mozzila,Firefox,Netscape 和 Opera 等。

4.1 JavaScript 简介

JavaScript 是一种基于对象(Object)和事件驱动(Event Driven)并具有安全性能的脚本语言,它的出现弥补了 HTML 语言的不足。JavaScript 具有以下几个基本特点:

(1)脚本编写

JavaScript 是一种脚本语言,它采用小程序段的方式实现编程。它作为一种解释性语言,不需要进行编译,而是在程序运行过程中逐行地被解释。

(2)基于对象

JavaScript 是一种基于对象的语言,这意味着它能运用自己已经创建的对象。因此,许多功能可能来自于 JavaScript 运行环境(即浏览器本身)中对象的方法与 JavaScript 的对象相互作用。

(3)简单性

JavaScript 的简单性首先体现在它基于 Java 的基本语句和控制流,是一种简单而紧凑的语言;其次,它的变量类型是采用"弱类型",并未使用严格的数据类型。

(4)安全性

JavaScript 是一种安全性语言,它不允许访问本地的硬盘,而且不能将数据存到服务器上;不允许对网络文档进行修改和删除,只能通过浏览器实现信息浏览或动态交互,从而有效地防止数据的丢失。

(5)动态性

JavaScript 是动态的,它可以直接对用户或客户输入作出响应而无须经过 Web 服务程序。它对用户的响应是采用以事件驱动的方式进行的。所谓事件驱动,就是指在页面中执行某种操作所产生的动作,比如按下鼠标、移动窗口或选择菜单等都可以视为事件,当事件发生后就会引起相应的事件响应。

(6)**跨平台性**

JavaScript 仅依赖于浏览器本身,与操作系统无关。

4.2 JavaScript 语法基础

4.2.1 添加 JavaScript 脚本

HTML 的 <script> 标签是用来插入 JavaScript 到 HTML 页面的。以下代码实现了将 JavaScript 嵌入 HTML 网页中:

```
<html>
    <body>
    <script type="text/javascript">
        Document.write("HELLO WORLD");
    </script>
  </body>
</html>
```

代码运行的结果是:

```
HELLO WORLD
```

解释:将一段 JavaScript 插入 HTML 页面,需要使用 <script> 标签(同时使用 type 属性来定义脚本语言)。这样就可以告诉浏览器,JavaScript 程序从何处开始 <script>,从何处结束 </script>。Document.write 是 JavaScript 命令,用于向页面输出信息。如果没有 <script> 标签,那么浏览器会把 Document.write("HELLO WORLD")当作纯文本输出。那些不支持 JavaScript的浏览器会把脚本作为页面的内容来显示。为了防止这种情况发生,可以使用这样的 HTML 注释标签:

```
<html>
    <body>
        <script type="text/javascript">
                <!--
                        Document.write("HELLO WORLD");
                //>正斜杠是 JavaScript 的注释符号,它会阻止 JavaScript 编译器对这一行
的编译
        </script>
    </body>
</html>
```

上述页面中的脚本会在页面载入浏览器后立即执行。但并不希望所有的脚本都这样,有

时则希望当用户触发事件时才执行脚本。这取决于 JavaScript 在网页中的位置,JavaScript 脚本在 HTML 中的放置位置有如下几种:

(1)**位于 head 部分的脚本**

当脚本被调用时,或者当事件被触发时,脚本就会被执行。把脚本放置到 head 部分后,就可以确保在需要使用脚本之前,它已经被载入了。

```
<html>
    <head>
        <script type="text/javascript">
            Document.write("HELLO WORLD");
        </script>
    </head>
</html>
```

(2)**位于 body 部分的脚本**

当把脚本放置于 body 部分后,它就会生成页面的内容。

```
<html>
    <body>
        <script type="text/javascript">
            Document.write("HELLO WORLD");
        </script>
    </body>
</html>
```

(3)**同时在 head 和 body 部分的脚本**

可以在文档中放置任何数量的脚本,因此既可以把脚本放置到 body,又可以放置到 head 部分。

```
<html>
    <head>
        <script type="text/javascript">
            Document.write("head 部分");
        </script>
    </head>
    <body>
        <script type="text/javascript">
            Document.write("body 部分");
        </script>
    </body>
</html>
```

(4)**调用外部 js 脚本**

有时为了在若干个页面中运行 JavaScript,同时不在每个页面中写相同的脚本,可以将 JavaScript 写入一个外部文件之中,然后以.js 为后缀保存这个文件。

注意:外部文件不能包含 <script> 标签,然后把.js 文件指定给 <script> 标签中的"src"属性,就可以使用这个外部文件了。

```
<html>
    <head>
        <script src = "xxxx.js" > </script>
    </head>
    <body>
    </body>
</html>
```

4.2.2 变　量

变量是储存信息的容器,变量的值能在程序运行时被改变,通过引用变量的名称可以查看或改变它的值。

(1)**变量命名规则**

- 变量名对大小写是敏感的。
- 变量名以字母开头,中间可以出现数字、下划线。
- 变量名不能有空格、+或其他符号。
- 不能使用 JavaScript 的关键字作为变量,如 var、int、double、delete。

(2)**变量声明与赋值**

变量名建议第一个单词全部小写,第二个单词开始每个单词的首字母大写,其余字母小写。声明(定义)变量的代码如下:

```
var a;
var b = "student";
var c =3;
```

上述代码中声明了 3 个变量,一个没有赋值,一个赋 String 类型的值,一个赋 int 类型的值。JavaScript 是一门弱类型的语言,声明时并不区分类型,因此也可以不声明直接使用。

注意:JavaScript 脚本变量的声明是区分大小写的,var a 和 var A 是两个不同的变量。

(3)**js 变量的运算**

```
var A =3;
var B;
var C;
B = A +3;
C = B +8;
```

(4)**变量的作用域**

在 JavaScript 中有全局变量和局部变量之分。全局变量定义在所有函数体之外,其作用范围是所有函数;而局部变量定义在函数体之内,只对该函数是可见的。

```
<script  language = "javascript" >
    var  quanju = 100;
    function get() {
        var  i = 10;
        if( true) {
            var  j = 1;
        }
    }
</script >
```

4.2.3 数据类型

(1)**整型常量**

整型常量如 123,512 等。

(2)**实型常量**

实型常量是由整数部分加小数部分表示,如 3.14,12.43 等,也可以使用科学或标准方法表示,如 5E7,4e5 等。

(3)**布尔值**

布尔常量只有 true 或 false 两种取值,主要用来说明或代表一种状态或标志,用以控制操作流程。

(4)**字符型常量**

字符型常量是指使用单引号(')括起来的字符或双引号(")括起来的字符串,如字符'a',字符串"hello"。

JavaScript 也支持以反斜杠(\)开头的不可显示的特殊字符,通常称为控制字符。如换行符('\r')、制表符('\t')等。

(5)**空值**

JavaScript 中有一个空值 null,表示什么也没有。如试图引用没有定义的变量,就会返回一个 null 值。

4.2.4 运算符

运算符见表 4.1 至表 4.4。

表 4.1 赋值运算符

符 号	例 子	等同于
=	x = y	x = y
+ =	x + = y	x = x + y

续表

符　号	例　子	等同于
- =	x- =y	x=x-y
* =	x* =y	x=x*y
/ =	x/ =y	x=x/y
% =	x% =y	x=x%y

表 4.2　算数运算符

符　号	说明	例　子	返回值
+	求和	x=2 y=2 x+y	4
-	求差	x=5 y=2 x-y	3
*	求乘积	x=5 y=4 x*y	20
/	求商	15/5 5/2	3 2.5
%	取余数	5%2 10%8 10%2	1 2 0
+ +	自增	x=5 x+ +	x=6
--	自减	x=5 x--	x=4

表 4.3　比较运算符

符　号	说　明	例　子
==	相等比较	5==8 返回假
===	比较操作(不强制转换值的类型)	x=5 y="5" x==y 返回真 x===y 返回假
! =	不等于比较	5! =8 返回真
>	大于比较	5>8 返回假
<	小于比较	5<8 返回真
> =	大于等于比较	5> =8 返回假
<=	小于等于比较	5<=8 返回真

表 4.4 逻辑运算符

符 号	说 明	例 子
&&	并且	x = 6 y = 3 (x < 10 && y > 1)返回真
||	或者	x = 6 y = 3 (x == 5 || y == 5)返回假
!	取反	x = 6 y = 3 !(x == y)返回真

4.2.5 注 释

(1)单列注释

```
<script type = "text/javascript" >
        //这是标题头
        document.write(" <h1 >this is a title </h1 >");
        //这是段落
        document.write(" <p >this is a content </p >");
</script >
```

(2)多列注释

```
<script type = "text/javascript" >
        /*
            下面的代码将输出一个标题,一个段落
        */
        document.write(" <h1 >this is a title </h1 >");
        document.write(" <p >this is a content </p >");
</script >
```

4.3 流程语句

4.3.1 条件语句

(1)if 语句

在 JavaScript 里可使用如下的条件声明:

- if 声明:如果要执行的代码仅在条件为 true 时执行,可以用它来声明。

- if…else 声明：如果要执行的代码在条件为 true 或其他值时执行，可以用它来声明。
- if…else if…else 声明：如果想要在许多代码块内选择一个代码块执行，可以使用这个声明。

(2) switch…case **语句**

如果在许多代码块内需要选择一个代码块执行，应该用 switch 声明，而不是 if…else if…else，基本语法如下：

```
switch(n){
    case 1:
        execute code block 1;
        break;
    case 2:
        execute code block 2;
        break;
    default:
        code to be executed if n is;
        different from all case;
}
```

4.3.2 循环语句

如果希望同一代码块反复执行而不是增加几条相同的代码块时，可以使用循环的方式。循环在 JavaScript 中用来执行同一个代码指定的次数或一直执行到条件为真为止。

(1) for **循环**

for 循环是知道需要具体执行几次该代码块时使用的。语法如下：

```
for (var = startvalue;var <= endvalue;var = var + 增量)
{
    code to be executed
}
```

(2) while **循环**

如果希望循环执行代码块并且在指定条件是真时执行，那么可以使用 While 循环。语法如下：

```
while (var <= endvalue)
{
    code to be executed
}
```

(3) do…while **循环**

do…while 循环是 while 循环的变体，它总会执行代码块一次，然后当条件是真时再重复循环。这个循环至少会有一次被执行，即使条件是错误的，因为代码在执行完一次后才进行条件的测试。语法如下：

```
do
{
    code to be executed
}
while (var <= endvalue)
```

(4) JavaScript **的** for…in **表达式**

for…in 声明是用于循环遍历一个对象或一个数组的元素，该循环的参数将取出该对象或数组的所有元素。语法如下：

```
for (variable in object)
{
    code to be executed
}
```

下面的示例使用 for…in 循环遍历一个数组：

```
<html>
    <body>
        <script type="text/javascript">
            var x
            var mycars = new Array()
            mycars[0] = "Saab"
            mycars[1] = "Volvo"
            mycars[2] = "BMW"

            for (x in mycars)
            {
              document.write(mycars[x] + "<br />")
              }
        </script>
</body>
</html>
```

4.3.3　break 和 continue

break 和 continue 用于跳出循环。

(1) break

break 命令将跳出循环，继续执行紧跟在循环下面的其他代码。示例如下：

```
<html>
    <body>
        <script type="text/javascript">
            var i=0
            for (i=0;i<=10;i++)
            {
                    if (i==3){break}
                    document.write("The number is"+i);
                    document.write("<br />");
            }
        </script>
    </body>
</html>
```

结果:

```
The number is 0
The number is 1
The number is 2
```

(2)continue

continue 命令将跳过当前循环并继续下一个值的循环(不跳出循环体)。示例如下:

```
<html>
   <body>
        <script type="text/javascript">
          var i=0
          for (i=0;i<=10;i++)
          {
             if (i==3){continue};
             document.write("The number is" + i);
             document.write("<br />");
          }
        </script>
   </body>
</html>
```

结果:

```
The number is 0
The number is 1
The number is 2
```

```
The number is 4
The number is 5
The number is 6
The number is 7
The number is 8
The number is 9
The number is 10
```

4.4 函数与事件

4.4.1 函数(Function)

函数是一个有函数名的一系列 JavaScript 语句的有效组合。函数可以带参数,也可以不带,可以有返回值,也可以没有。

(1)函数的定义

```
function 函数名([参数列表]){
  语句块;
  [return 表达式;]
}
```

示例代码如下:

```
<script language="javascript">
  //例:返回两个参数中较大的。
  function max(a,b){
    var x;
    if (a>b)
      x=a;
    else
      x=b;
    return x;
  }
</script>
```

(2)函数调用

函数被调用时,函数内的代码才真正被执行。调用函数的方法就是使用函数的名称并赋给全部参数相应的值。

```
<script  language="javascript">
  max(20,30);
</script>
```

或

```
<input type="button" onClick="max(23,45);">
```

在 JavaScript 中调用函数时,可以向函数传递比在函数定义时参数数目少的参数。在这种情况下,只要不是试图去读那些没有传递过来的参数就行。

用 typeof 运算符可以得到参数的类型。对于未传递的参数,用 typeof 运算符得到的结果是“undefined”。示例如下:

```
<script language="javascript">
   function get(a,b){
       document.write("参数 a 的数据类型是:"+typeof(a)+"<br>");
       document.write("参数 b 的数据类型是:"+typeof(b));
   }
   get(32.4);
</script>
```

另外,JavaScript 也可以向函数传递比在函数定义时参数数目多的参数,为了读取这样的参数,可以使用 arguments 数组。传递给函数的第一个参数是 arguments 数组的第一个元素,可以用“函数名称. arguments[0]”来进行引用。示例如下:

```
<script language="javascript">
   function getSum(){
         var sum=0;
         var number=getSum.arguments.length;//使用函数的参数数组
         for(var i=0;i<number;i++){
               sum+=getSum.arguments[i];
         }
         return sum;
  }
  document.write("23+54+65="+getSum(23,54,65));
</script>
```

(3) JavaScript **系统函数**

JavaScript 中的系统函数又称为内部方法,它们不属于任何对象,可以直接使用。

1) eval(字符串表达式)

eval()用于返回字符串表达式中的运算结果值。例:

```
   test=eval("x=8+9+5/2");
   document.write(test);                 //输出显示 19.5
```

2) escape(字符串)

escape()返回字符串的一种简单编码,将非字母数字的符号转换为% 加其 unicode 码的十六进制表示。如下代码用于返回"Hello%20there":

```
escape("Hello there")
```

3) unescape(字符串)

unescape()将已编码的字符串还原为纯字符串。

4) parseFloat(字符串)

parseFloat()返回浮点数。

5) parseInt(字符串,radix)

parseInt()用于返回整数,其中 radix 是数的进制,默认是十进制数。

4.4.2 事件(Event)

在 JavaScript 中编写的函数,通常是在其他代码进行调用时才会执行。不过也可以将某个函数与某个事件(Event,通常是鼠标或热键的动作)联系起来,使得当事件发生时执行该函数。这个方法称为事件驱动(Event Driver)。而对事件进行处理的函数,称为事件处理程序(Event Handler,事件句柄)。

JavaScript 事件驱动中的事件是通过鼠标或热键的动作(点击或按下)引发的。通过使用 JavaScript,设计者有能力去创建动态的 Web 页面,而事件是必不可少的,事件可以通知(触发)JavaScript 产生动作。

每个元素在网页上都有可能触发 JavaScript 作用的某些事件,例如,可以用 onClick 事件为按钮元素增加一个当用户点击按钮时触发的事件,事件定义在 HTML 元素的标签内。可能会触发如下事件:

- 一个鼠标点击时;
- 一个网页或一个图片加载时;
- 鼠标在网页中移动到一个热点上时;
- 在页面中选择一个输入框时;
- 提交一个表单时;
- 击键盘按键时。

注意:事件通常和函数联合使用,函数不会在事件未发生时执行。

(1) Window 事件属性

表 4.5　针对 Window 对象触发的事件(应用到 <body> 标签)

属　性	值	描　述
onafterprint	script	文档打印之后运行的脚本
onbeforeprint	script	文档打印之前运行的脚本
onbeforeunload	script	文档卸载之前运行的脚本
onerror	script	在错误发生时运行的脚本
onhaschange	script	当文档已改变时运行的脚本

续表

属　性	值	描　述
onload	script	页面结束加载之后触发
onmessage	script	在消息被触发时运行的脚本
onoffline	script	当文档离线时运行的脚本
ononline	script	当文档上线时运行的脚本
onpagehide	script	当窗口隐藏时运行的脚本
onpageshow	script	当窗口成为可见时运行的脚本
onpopstate	script	当窗口历史记录改变时运行的脚本
onredo	script	当文档执行撤销(redo)时运行的脚本
onresize	script	当浏览器窗口被调整大小时触发
onstorage	script	在 Web Storage 区域更新后运行的脚本
onundo	script	在文档执行 undo 时运行的脚本
onunload	script	一旦页面已下载时触发(或者浏览器窗口已被关闭)

(2)Form **事件**

表 4.6　由 HTML 表单内的动作触发的事件
(应用到几乎所有 HTML 元素,但最常用在 form 元素中)

属　性	值	描　述
onblur	script	元素失去焦点时运行的脚本
onchange	script	在元素值被改变时运行的脚本
oncontextmenu	script	当上下文菜单被触发时运行的脚本
onfocus	script	当元素失去焦点时运行的脚本
onformchange	script	在表单改变时运行的脚本
onforminput	script	当表单获得用户输入时运行的脚本
oninput	script	当元素获得用户输入时运行的脚本
oninvalid	script	当元素无效时运行的脚本
onreset	script	当表单中的重置按钮被点击时触发,HTML5 不支持
onselect	script	在元素中文本被选中后触发
onsubmit	script	在提交表单时触发

(3)Keyboard **事件**

表 4.7　由用户触发的键盘事件

属　性	值	描　述
onkeydown	script	在用户按下按键时触发
onkeypress	script	在用户敲击按钮时触发
onkeyup	script	当用户释放按键时触发

(4) Mouse 事件

表 4.8 由鼠标或类似用户动作触发的事件

属 性	值	描 述
onclick	script	元素上发生鼠标点击时触发
ondblclick	script	元素上发生鼠标双击时触发
ondrag	script	元素被拖动时运行的脚本
ondragend	script	在拖动操作末端运行的脚本
ondragenter	script	当元素已被拖动到有效拖放区域时运行的脚本
ondragleave	script	当元素离开有效拖放目标时运行的脚本
ondragover	script	当元素在有效拖放目标上正在被拖动时运行的脚本
ondragstart	script	在拖动操作开端运行的脚本
ondrop	script	当被拖元素正在被拖放时运行的脚本
onmousedown	script	当元素上按下鼠标按钮时触发
onmousemove	script	当鼠标指针移动到元素上时触发
onmouseout	script	当鼠标指针移出元素时触发
onmouseover	script	当鼠标指针移动到元素上时触发
onmouseup	script	当在元素上释放鼠标按钮时触发
onmousewheel	script	当鼠标滚轮正在被滚动时运行的脚本
onscroll	script	当元素滚动条被滚动时运行的脚本

(5) Media 事件

表 4.9 由媒介(比如视频、图像和音频)触发的事件

(适用于所有 HTML 元素,但常见于媒介元素中,比如 <audio>、<embed>、<img>、<object> 以及 <video>)

属 性	值	描 述
onabort	script	在退出时运行的脚本
oncanplay	script	当文件就绪可以开始播放时运行的脚本(缓冲已足够开始时)
oncanplaythrough	script	当媒介能够无须因缓冲而停止即可播放至结尾时运行的脚本
ondurationchange	script	当媒介长度改变时运行的脚本
onemptied	script	当发生故障且文件突然不可用时运行的脚本(比如连接意外断开时)
onended	script	当媒介已到达结尾时运行的脚本(可发送类似“感谢观看”之类的消息)
onerror	script	当在文件加载期间发生错误时运行的脚本
onloadeddata	script	当媒介数据已加载时运行的脚本
onloadedmetadata	script	当元数据(比如分辨率和时长)被加载时运行的脚本
onloadstart	script	在文件开始加载且未实际加载任何数据前运行的脚本

续表

属　性	值	描　述
onpause	script	当媒介被用户或程序暂停时运行的脚本
onplay	script	当媒介已就绪可以开始播放时运行的脚本
onplaying	script	当媒介已开始播放时运行的脚本
onprogress	script	当浏览器正在获取媒介数据时运行的脚本
onratechange	script	每当回放速率改变时运行的脚本(比如当用户切换到慢动作或快进模式)
onreadystatechange	script	每当就绪状态改变时运行的脚本(就绪状态监测媒介数据的状态)
onseeked	script	当 seeking 属性设置为 false(指示定位已结束)时运行的脚本
onseeking	script	当 seeking 属性设置为 true(指示定位是活动的)时运行的脚本
onstalled	script	在浏览器不论何种原因未能取回媒介数据时运行的脚本
onsuspend	script	在媒介数据完全加载之前不论何种原因终止取回媒介数据时运行的脚本
ontimeupdate	script	当播放位置改变时(比如当用户快进到媒介中一个不同的位置时)运行的脚本
onvolumechange	script	每当音量改变时(包括将音量设置为静音时)运行的脚本
onwaiting	script	当媒介已停止播放但打算继续播放时(比如当媒介暂停已缓冲更多数据)运行脚本

HTML5 DOM 为 <audio>和 <video>元素提供了方法、属性和事件。这些方法、属性和事件允许设计者使用 JavaScript 来操作 <audio>和 <video>元素。

表 4.10　HTML5 Audio/Video 方法

方　法	描　述
addTextTrack()	向音频/视频添加新的文本轨道
canPlayType()	检测浏览器是否能播放指定的音频/视频类型
load()	重新加载音频/视频元素
play()	开始播放音频/视频
pause()	暂停当前播放的音频/视频

表 4.11　HTML5 Audio/Video 属性

方　法	描　述
audioTracks	返回表示可用音轨的 AudioTrackList 对象
autoplay	设置或返回是否在加载完成后随即播放音频/视频
buffered	返回表示音频/视频已缓冲部分的 TimeRanges 对象
controller	返回表示音频/视频当前媒体控制器的 MediaController 对象

续表

方　法	描　述
controls	设置或返回音频/视频是否显示控件(比如播放/暂停等)
crossOrigin	设置或返回音频/视频的 CORS 设置
currentSrc	返回当前音频/视频的 URL
currentTime	设置或返回音频/视频中的当前播放位置(以秒计)
defaultMuted	设置或返回音频/视频默认是否静音
defaultPlaybackRate	设置或返回音频/视频的默认播放速度
duration	返回当前音频/视频的长度(以秒计)
ended	返回音频/视频的播放是否结束
error	返回表示音频/视频错误状态的 MediaError 对象
loop	设置或返回音频/视频是否应在结束时重新播放
mediaGroup	设置或返回音频/视频所属的组合(用于连接多个音频/视频元素)
muted	设置或返回音频/视频是否静音
networkState	返回音频/视频的当前网络状态
paused	设置或返回音频/视频是否暂停
playbackRate	设置或返回音频/视频播放的速度
played	返回表示音频/视频已播放部分的 TimeRanges 对象
preload	设置或返回音频/视频是否应该在页面加载后进行加载
readyState	返回音频/视频当前的就绪状态
seekable	返回表示音频/视频可寻址部分的 TimeRanges 对象
seeking	返回用户是否正在音频/视频中进行查找
src	设置或返回音频/视频元素的当前来源
startDate	返回表示当前时间偏移的 Date 对象
textTracks	返回表示可用文本轨道的 TextTrackList 对象
videoTracks	返回表示可用视频轨道的 VideoTrackList 对象
volume	设置或返回音频/视频的音量

表 4.12　HTML5 Audio/Video 事件

方　法	描　述
abort	当音频/视频的加载已放弃时
canplay	当浏览器可以播放音频/视频时
canplaythrough	当浏览器可在不因缓冲而停顿的情况下进行播放时

续表

方 法	描 述
durationchange	当音频/视频的时长已更改时
emptied	当目前的播放列表为空时
ended	当目前的播放列表已结束时
error	当在音频/视频加载期间发生错误时
loadeddata	当浏览器已加载音频/视频的当前帧时
loadedmetadata	当浏览器已加载音频/视频的元数据时
loadstart	当浏览器开始查找音频/视频时
pause	当音频/视频已暂停时
play	当音频/视频已开始或不再暂停时
playing	当音频/视频在因缓冲而暂停或停止后已就绪时
progress	当浏览器正在下载音频/视频时
ratechange	当音频/视频的播放速度已更改时
seeked	当用户已移动/跳跃到音频/视频中的新位置时
seeking	当用户开始移动/跳跃到音频/视频中的新位置时
stalled	当浏览器尝试获取媒体数据,但数据不可用时
suspend	当浏览器刻意不获取媒体数据时
timeupdate	当目前的播放位置已更改时
volumechange	当音量已更改时
waiting	当视频由于需要缓冲下一帧而停止

4.4.3 事件与函数的关联

要将一个函数与某个 HTML 元素的事件关联起来,需要设置相应的 HTML 标记中的属性值。例如,对于一个 button 元素的 click 事件的处理函数为 MyProc( ),则可以用如下的形式将事件与函数关联起来:

```
<script language = "javascript" >
  function myPorc( ) {
     alert( document. all( "txt" ). value) ;
  }
</script >
<input type = "text"  name = "txt"  />
<input type = "button"  value = "Try"  onClick = "myPorc(  ) ;" />
```

下面的示例实现翻转图的效果:原来在网页上显示一幅图片,当用户把鼠标移到该图像上时，自动将图像切换成新的一幅图片；当用户把鼠标移开时，最初的图像又被恢复回来。

```
<script language = "javascript" >
  //处理 mouseover 事件
  function imgover( ) {
    document. myForm. img1. src = "color. jpg" ;
  }
  //处理 mouseout 事件
  function   imgout( ) {
    document. myForm. img1. src = "gray. jpg" ;
  }
</script >
<form name = "myForm" >
  <img border =0 name = "img1"   src = "gray. jpg"          onmouseover = "imgover( ) ;"
onmouseout = "imgout( )" >
</form >
```

4.5 内置对象

JavaScript 是基于对象的语言，它允许设计者定义自己的对象和创建自己的变量类型。对象是一种特殊的数据，它有自己的属性和方法。JavaScript 几大内置对象见表 4. 13。

表 4. 13 内置对象

对象名	描　述
String	字符串对象
Boolean	布尔对象
Number	数字对象
Array	数组对象
Date	日期对象
Math	数学对象
RegExp	正则表达式对象

4.5.1 数组对象(Array)

数组可以存放很多相同类型的数据。有数组名代表所有这些数据，而用数组名[下标]表示其中某个元素(下标从 0 开始)。以下是建立数组的三种方法：

第一种方法：使用方括号，创建数组的同时赋初值。

```
var myA = [ "张三", "李四","王五"];
var b = [10,20,30,40];
```

第二种方法:使用 new 操作符,创建数组的同时赋初值。注意圆括号和方括号的区别,不能任意使用。

```
var myA = new Array("张三", "李四","王五");
```

第三种方法:先创建长度为 10 的数组,内容后面再赋初值。

```
var anArray = new Array(9);
anArray[0] = "张三";
anArray[1] = "李四";
anArray[2] = "王五";
```

(1)**数组的属性**:length

使用方式为:数组名. length,用于返回数组中元素的个数。如下例是使用 for 语句输出 myA 数组的各个元素:

```
for (i =0;i < myA. length;i + + ){
    alert(myA[i]);
}
```

(2)**数组的方法**

1)join(分割符)

该方法的功能是把数组中所有数据用指定的分割符连接起来,以一个字符串的形式表达出来。例如:

```
myA. join("/")          //返回一个字符串  "张三/李四/王五"
```

2)reverse()

该方法的功能是将数组中的元素反转顺序。例如:

```
myA. reverse( )         //数组变为  ["王五","李四","张三"]
```

3)sort()

该方法的功能是将数组元素排序(汉字按拼音的字母顺序)。例如:

```
myA. sort ()            //数组变为  ["李四","王五","张三"]
```

4)concat()

该方法用于连接两个或多个数组。下面的例子将把 concat() 中的参数连接到数组 a 中:

```
<script type = "text/javascript" >
    var a = [1,2,3];
    document. write(a. concat(4,5));
    //输出结果是:
    //1,2,3,4,5
</script >
```

下面的例子创建了两个数组,然后使用 concat()把它们连接起来:

```
<script type="text/javascript">
    var arr=["George","John","Thomas"];
    var arr2=["James","Adrew","Martin"];
    document.write(arr.concat(arr2));
</script>
```

输出结果是:

```
George,John,Thomas,James,Adrew,Martin
```

下面的例子创建了三个数组,然后使用 concat()把它们连接起来:

```
<script type="text/javascript">
    var arr=["George","John","Thomas"];
    var arr2=["James","Adrew","Martin"];
    var arr3=["William","Franklin"];
    document.write(arr.concat(arr2,arr3));
</script>
```

输出结果是:

```
George,John,Thomas,James,Adrew,Martin,William,Franklin
```

5)pop()

该方法用于删除并返回数组的最后一个元素,即删除数组的最后一个元素,把数组长度减1,并且返回它删除的元素的值。如果数组已经为空,则 pop()不改变数组,并返回 undefined 值。示例代码如下:

```
<script type="text/javascript">
    var arr=["George","John","Thomas"];
    document.write(arr);
    document.write("<br />");
    document.write(arr.pop());
    document.write("<br />");
    document.write(arr);
</script>
```

输出结果是:

```
George,John,Thomas
Thomas
George,John
```

6)push()

该方法可向数组的末尾添加一个或多个元素,并返回新的长度。

语法:arrayObject. push(newelement1,newelement2,…,newelementX)

push()方法可把它的参数顺序添加到 arrayObject 的尾部。它直接修改 arrayObject,而不是创建一个新的数组。push()方法和 pop()方法使用数组提供的先进栈后出栈的功能。示例代码如下:

```
<script type = "text/javascript" >
    var arr = ["George","John","Thomas"];
    document. write(arr +    "<br />");
    document. write(arr. push("James") +    "<br />");
    document. write(arr);
</script>
```

输出结果是:

```
George,John,Thomas
4
George,John,Thomas,James
```

7)shift()

该方法用于把数组的第一个元素从其中删除,并返回第一个元素的值。如果数组是空的,那么 shift()方法将不进行任何操作,返回 undefined 值。请注意,该方法不创建新数组,而是直接修改原有的 arrayObject。示例代码如下:

```
<script type = "text/javascript" >
        var arr = ["George","John","Thomas"];
        document. write(arr + "<br />");
        document. write(arr. shift() + "<br />");
        document. write(arr);
</script>
```

输出结果是:

```
George,John,Thomas
George
John,Thomas
```

8)unshift()

unshift()方法可向数组的开头添加一个或更多元素,并返回新的长度。unshift()方法将把它的参数插入 arrayObject 的头部,并将已经存在的元素顺次移到较高的下标处,以便留出空间。该方法的第一个参数将成为数组的新元素 0,如果还有第二个参数,它将成为新的元素 1,以此类推。

请注意,unshift()方法不创建新的数组,而是直接修改原有的数组。示例代码如下:

```
<script type = "text/javascript" >
        var arr = ["George","John","Thomas"];
```

```
        document.write(arr + " <br />");
        document.write(arr.unshift("William") + " <br />");
        document.write(arr);
</script>
```

输出结果是：

```
George,John,Thomas
4
William,George,John,Thomas
```

9) slice(start,end)

slice()方法从已有的数组中返回选定的元素。示例代码如下：

```
<script type = "text/javascript" >
    var arr  = ["George","John","Thomas","James","Adrew","Martin"];
    document.write(arr + " <br />");
    document.write(arr.slice(2,4) + " <br />");
    document.write(arr);
</script>
```

输出结果是：

```
George,John,Thomas,James,Adrew,Martin
Thomas,James
George,John,Thomas,James,Adrew,Martin
```

10) splice()

splice()方法用于插入、删除或替换数组的元素。语法如下：

```
arrayObject.splice(index,howmany,element1,…,elementX)
```

splice()方法可删除从 index 处开始的零个或多个元素，并且用参数列表中声明的一个或多个值来替换那些被删除的元素。

表 4.14　splice()方法中可使用的参数

参　数	描　述
index	必需。规定从何处添加/删除元素 该参数是开始插入和(或)删除的数组元素的下标，必须是数字
howmany	必需。规定应该删除多少元素，必须是数字 如果未规定此参数，则删除从 index 开始到原数组结尾的所有元素
element1	可选。规定要添加到数组的新元素，从 index 所指的下标处开始插入
elementX	可选。可向数组添加若干元素

下面的示例中，创建一个新数组并向其添加一个元素：

```
<script type = "text/javascript" >
    var arr = [ "George" , "John" , "Thomas" , "James" , "Adrew" , "Martin" ];
    document. write( arr + " <br /> " );
    arr. splice( 2 ,0 , "William" ) ;
    document. write( arr + " <br /> " ) ;
</script >
```

输出结果是:

```
George , John , Thomas , James , Adrew , Martin
George , John , William , Thomas , James , Adrew , Martin
```

下面的示例中,将删除位于 index 2 的元素,并添加一个新元素来替代被删除的元素:

```
<script type = "text/javascript" >
    var arr = [ "George" , "John" , "Thomas" , "James" , "Adrew" , "Martin" ];
    document. write( arr + " <br /> " ) ;
    arr. splice( 2 ,1 , "William" ) ;
    document. write( arr) ;
</script >
```

输出结果是:

```
George , John , Thomas , James , Adrew , Martin
George , John , William , James , Adrew , Martin
```

下面的示例中,将删除从 index2("Thomas") 开始的三个元素,并添加一个新元素("William") 来替代被删除的元素:

```
<script type = "text/javascript" >
    var arr  = [ "George" , "John" , "Thomas" , "James" , "Adrew" , "Martin" ];
    document. write( arr + " <br /> " ) ;
    arr. splice( 2 ,3 , "William" ) ;
    document. write( arr) ;
</script >
```

输出结果是:

```
George , John , Thomas , James , Adrew , Martin
George , John , William , Martin
```

(3) **内部数组**

在网页对象中,有很多本身就是数组对象。例如:document 对象的 forms 属性就是一个数组对象,其中每个元素对应网页中的一个表单。示例如下:

```
<form name="firstForm"></form>
<form name="secondForm"></form>
<form name="thirdForm"></form>
<script language="javascript">
    var fs = document.forms;
    for(i=0;i<fs.length;i++){
        alert(fs[i].name);
    }
</script>
```

表单中的一个选择列表的 options 属性也是一个数组对象，其中每个元素对应于列表中的一个选择项目。示例代码如下：

```
<form name="myForm">
    <select multiple size="5" name="box"  style="width:150"  onClick="f(this);">
        <option value="apple">苹果</option>
        <option value="orange">橘子</option>
        <option value="banana">香蕉</option>
    </select>
</form>
<script language="javascript">
    function  f(o){
        for(i=0;i<o.options.length;i++){
            alert(o.options[i].value+","+o.options[i].text);
        }
    }
</script>
```

4.5.2　字符串对象(String)

字符串是 JavaScript 的一种基本的数据类型。String 对象用于处理文本(字符串)。String 对象的 length 属性声明了该字符串中的字符数。String 类定义了大量操作字符串的方法，例如从字符串中提取字符或子串，或者检索字符或子串。

创建 String 对象的语法如下：

```
new String(s);
String(s);
```

注意：

- 参数 s 是要存储在 String 对象中或转换成原始字符串的值。
- 当 String( ) 和运算符 new 一起作为构造函数使用时，它返回一个新创建的 String 对象，存放的是字符串 s 或 s 的字符串表示。

- 当不用 new 运算符调用 String( )时,它只把 s 转换成原始的字符串,并返回转换后的值。

(1)String **对象的属性(见表** 4.15)

表 4.15　String **对象的属性**

属　性	描　述
constructor	对创建该对象的函数的引用
length	字符串的长度
prototype	允许向对象添加属性和方法

(2)String **对象的方法**

String 对象的方法分为格式设置和通用字符串操作两大类,见表 4.16 和表 4.17。

表 4.16　**格式设置方法**

属　性	描　述
anchor( )	创建 HTML 锚
big( )	用大号字体显示字符串
blink( )	显示闪动字符串
bold( )	使用粗体显示字符串
italics( )	使用斜体显示字符串
link( )	将字符串显示为链接
small( )	使用小字号来显示字符串
fixed( )	以打字机文本显示字符串
fontcolor( )	使用指定的颜色来显示字符串
fontsize( )	使用指定的尺寸来显示字符串
strike( )	使用删除线来显示字符串
sub( )	把字符串显示为下标
sup( )	把字符串显示为上标
toLocaleLowerCase( )	把字符串转换为小写
toLocaleUpperCase( )	把字符串转换为大写
toLowerCase( )	把字符串转换为小写
toUpperCase( )	把字符串转换为大写

表 4.17　通用字符串操作

属　性	描　述
charAt()	返回在指定位置的字符
charCodeAt()	返回在指定位置的字符的 Unicode 编码
concat()	连接字符串
fromCharCode()	从字符编码创建一个字符串
indexOf()	检索字符串
lastIndexOf()	从后向前搜索字符串
localeCompare()	用本地特定的顺序来比较两个字符串
match()	找到一个或多个正则表达式的匹配
replace()	替换与正则表达式匹配的子串
search()	检索与正则表达式相匹配的值
slice()	提取字符串的片断,并在新的字符串中返回被提取的部分
split()	把字符串分割为字符串数组
substr()	从起始索引号提取字符串中指定数目的字符
substring()	提取字符串中两个指定索引号之间的字符
toSource()	代表对象的源代码
toString()	返回字符串
valueOf()	返回某个字符串对象的原始值

(3)charAt()方法

charAt() 方法可返回指定位置的字符。语法如下:

```
stringObject. charAt(index)
```

其中 index 为必需参数,表示字符串中某个位置的数字,即字符在字符串中的下标。

注意:字符串中第一个字符的下标是 0。如果参数 index 不在 0 与 string. length 之间,该方法将返回一个空字符串。

以下的示例,在字符串"Hello world!"中,将返回位置 1 的字符:

```
<script type = "text/javascript" >
    var str = "Hello world!"
    document. write(str. charAt(1))
</script >
```

以上代码的输出是:

```
e
```

(4) indexOf( ) **方法**

indexOf( )方法可返回一个指定的字符串值最后出现的位置,在一个字符串中的指定位置从后向前搜索。基本语法如下:

```
stringObject. indexOf( searchvalue,fromindex)
```

- searchvalue:必需,规定须检索的字符串值。
- fromindex:可选的整数参数,规定在字符串中开始检索的位置。它的合法取值是 0 到 stringObject. length - 1。如省略该参数,则将从字符串的首字符处开始检索。

该方法将从头到尾地检索字符串 stringObject,看它是否含有子串 searchvalue。开始检索的位置在字符串的 fromindex 处或字符串的开头处(没有指定 fromindex 时)。如果找到一个 searchvalue,则返回 searchvalue 第一次出现的位置。stringObject 中的字符位置是从 0 开始的。

注意:

- indexOf( )方法对大小写敏感!
- 如果要检索的字符串值没有出现,则该方法返回-1。

下面的示例中,将在"Hello world!"字符串内进行不同的检索:

```
<script type = "text/javascript" >
    var str = "Hello world!"
    document. write( str. indexOf( "Hello" ) + " <br />" )
    document. write( str. indexOf( "World" ) + " <br />" )
    document. write( str. indexOf( "world" ) )
</script >
```

以上代码的输出:

```
0
-1
6
```

(5) substring( ) **方法**

substring( ) 方法用于提取字符串中介于两个指定下标之间的字符。语法如下:

```
stringObject. substring( start,stop)
```

- Start:必需,一个非负的整数,规定要提取的子串的第一个字符在 stringObject 中的位置。
- Stop:可选,一个非负的整数,比要提取的子串的最后一个字符在 stringObject 中的位置多 1。如果省略该参数,那么返回的子串会一直到字符串的结尾。

substring( )方法返回的子串包括 start 处的字符,但不包括 stop 处的字符。如果参数 start 与 stop 相等,那么该方法返回的就是一个空串(即长度为 0 的字符串)。如果 start 比 stop 大,那么该方法在提取子串之前会先交换这两个参数。

下面的示例中,将使用 substring( )从字符串中提取一些字符:

```
<script type="text/javascript">
    var str = "Hello world!"
    document.write(str.substring(3,7))
</script>
```

输出：

```
lo w
```

(6)split()方法

split()方法用于把一个字符串分割成字符串数组。语法如下：

```
stringObject.split(separator,howmany)
```

- Separator：必需，字符串或正则表达式，从该参数指定的地方分割 stringObject。
- Howmany：可选，可指定返回的数组的最大长度。如果设置了该参数，返回的子串不会多于这个参数指定的数组。如果没有设置该参数，整个字符串都会被分割，不考虑它的长度。

此方法的返回值为一个字符串数组。该数组是通过在 separator 指定的边界处将字符串 stringObject 分割成子串创建的。返回数组中的字串不包括 separator 自身。但是，如果 separator 是包含子表达式的正则表达式，那么返回的数组中包括与这些子表达式匹配的字串(但不包括与整个正则表达式匹配的文本)。

注意：

- 如果把空字符串("")用作 separator，那么 stringObject 中的每个字符之间都会被分割。
- String.split()执行的操作与 Array.join 执行的操作是相反的。

下面的示例中，将按照不同的方式来分割字符串：

```
<script type="text/javascript">
    var str = "How are you doing today?"
    document.write(str.split(" ") + "<br />")
    document.write(str.split("") + "<br />")
    document.write(str.split(" ",3))
</script>
```

输出结果为：

```
How,are,you,doing,today?
H,o,w, ,a,r,e, ,y,o,u, ,d,o,i,n,g, ,t,o,d,a,y,?
How,are,you
```

在下面的例子中，将分割结构更为复杂的字符串：

```
"2:3:4:5".split(":")    //将返回["2", "3", "4", "5"]
"|a|b|c".split("|")    //将返回["", "a", "b", "c"]
```

使用下面的代码，可以把句子分割成单词：

```
var words = sentence. split(" ")
```

或者使用正则表达式作为 separator：

```
var words = sentence. split( /\s +/)
```

如果希望把单词分割为字母，或者把字符串分割为字符，可使用下面的代码：

```
"hello". split("")   //可返回["h", "e", "l", "l", "o"]
```

若只需要返回一部分字符，请使用 howmany 参数：

```
"hello". split("", 3)   //可返回 ["h", "e", "l"]
```

4.5.3 数学对象(Math)

Math 对象用于执行数学任务，包含了常用的数学常量和函数。不需要创建该类型的对象，而可以直接使用 Math. 属性名或 Math. 方法名来使用这些常量和方法。使用 Math 的属性和方法的语法：

```
var pi_value = Math. PI;
var sqrt_value = Math. sqrt(15);
```

Math 对象并不像 Date 和 String 那样是对象的类，因此没有构造函数 Math()。像 Math. sin()这样的函数只是函数，不是某个对象的方法。设计者无须创建它，通过把 Math 作为对象使用就可以调用其所有属性和方法。

表 4.18 Math 对象属性

属 性	描 述
E	返回算术常量 e，即自然对数的底数(约等于 2.718)
LN2	返回 2 的自然对数(约等于 0.693)
LN10	返回 10 的自然对数(约等于 2.302)
LOG2E	返回以 2 为底的 e 的对数(约等于 1.414)
LOG10E	返回以 10 为底的 e 的对数(约等于 0.434)
PI	返回圆周率(约等于 3.141 59)
SQRT1_2	返回 2 的平方根的倒数(约等于 0.707)
SQRT2	返回 2 的平方根(约等于 1.414)

表 4.19 Math 对象方法

方 法	描 述
abs(x)	返回数的绝对值
acos(x)	返回数的反余弦值
asin(x)	返回数的反正弦值

续表

方　法	描　述
atan(x)	以介于 $-\pi/2$ 与 $\pi/2$ 弧度之间的数值来返回 x 的反正切值
atan2(y,x)	返回从 x 轴到点(x,y)的角度(介于 $-\pi/2$ 与 $\pi/2$ 弧度之间)
ceil(x)	对数进行上舍入
cos(x)	返回数的余弦
exp(x)	返回 e 的指数
floor(x)	对数进行下舍入
log(x)	返回数的自然对数(底为 e)
max(x,y)	返回 x 和 y 中的最高值
min(x,y)	返回 x 和 y 中的最低值
pow(x,y)	返回 x 的 y 次幂
random()	返回 0 ~ 1 的随机数
round(x)	把数四舍五入为最接近的整数
sin(x)	返回数的正弦
sqrt(x)	返回数的平方根
tan(x)	返回角的正切
toSource()	返回该对象的源代码
valueOf()	返回 Math 对象的原始值

4.5.4　日期对象(Date)

Date 对象用于处理日期和时间。创建 Date 对象的语法为:

```
var myDate = new Date()
```

Date 对象会自动把当前日期和时间保存为其初始值。

(1)创建日期对象的办法

- new Date():不带参数,则以系统时间为新创建日期对象的内容。
- new Date(毫秒数):以距 1970 年 1 月 1 日零时到期望时间的毫秒数为参数,创建对象。
- new Date(2005,6,3,21,0,22):设定 2005 年 7 月 3 日,注意月从 0 开始的。
- new Date("July 3, 2005 21:00:22"):以指定的时间为新创建日期对象的内容。

(2)Date 对象的常见方法(见表 4.20)

表 4.20　Date 对象的常见方法

方　法	描　述
Date()	返回当前日期和时间

续表

方　法	描　述
getDate( )	从 Date 对象返回一个月中的某一天(1~31)
getDay( )	从 Date 对象返回一周中的某一天(0~6)
getMonth( )	从 Date 对象返回月份(0~11)
getFullYear( )	从 Date 对象以四位数字返回年份
getYear( )	请使用 getFullYear( )方法代替
getHours( )	返回 Date 对象的小时数(0~23)
getMinutes( )	返回 Date 对象的分钟数(0~59)
getSeconds( )	返回 Date 对象的秒数(0~59)
getMilliseconds( )	返回 Date 对象的毫秒数(0~999)
getTime( )	返回 1970 年 1 月 1 日至今的毫秒数
setDate( )	设置 Date 对象中月的某一天(1~31)
setMonth( )	设置 Date 对象中月份(0~11)
setFullYear( )	设置 Date 对象中的年份(4 位数字)
setYear( )	请使用 setFullYear( )方法代替
setHours( )	设置 Date 对象中的小时数(0~23)
setMinutes( )	设置 Date 对象中的分钟数(0~59)
setSeconds( )	设置 Date 对象中的秒钟数(0~59)
setMilliseconds( )	设置 Date 对象中的毫秒数(0~999)
setTime( )	以毫秒设置 Date 对象
toSource( )	返回该对象的源代码
toString( )	把 Date 对象转换为字符串
toTimeString( )	把 Date 对象的时间部分转换为字符串
toDateString( )	把 Date 对象的日期部分转换为字符串
toLocaleString( )	根据本地时间格式,把 Date 对象转换为字符串
toLocaleTimeString( )	根据本地时间格式,把 Date 对象的时间部分转换为字符串
toLocaleDateString( )	根据本地时间格式,把 Date 对象的日期部分转换为字符串

4.6　浏览器对象模型(BOM)

在 JavaScript 中可以使用 Window 和 self 标志符来引用当前的浏览器窗口。每个打开的窗口定义一个 Window 对象。如果文档包含框架(frame 或 iframe 标签),浏览器会为 HTML 文档创建一个 Window 对象,并为每个框架创建一个额外的 Window 对象。可以使用 top 标识符引用最上层的窗口,或使用 parent 标志符引用当前窗口的父窗口。

4.6.1 Window 对象

Window 对象表示浏览器中打开的窗口，其属性和方法见表 4.21 和表 4.22。

表 4.21 Window 对象属性

属 性	描 述
closed	返回窗口是否已被关闭
defaultStatus	设置或返回窗口状态栏中的默认文本
document	对 Document 对象的只读引用，请参阅 Document 对象
history	对 History 对象的只读引用，请参阅 History 对象
innerheight	返回窗口的文档显示区的高度
innerwidth	返回窗口的文档显示区的宽度
length	设置或返回窗口中的框架数量
location	用于窗口或框架的 Location 对象，请参阅 Location 对象
name	设置或返回窗口的名称
Navigator	对 Navigator 对象的只读引用，请参阅 Navigator 对象
opener	返回对创建此窗口的窗口的引用
outerheight	返回窗口的外部高度
outerwidth	返回窗口的外部宽度
pageXOffset	设置或返回当前页面相对于窗口显示区左上角的 X 位置
pageYOffset	设置或返回当前页面相对于窗口显示区左上角的 Y 位置
parent	返回父窗口
Screen	对 Screen 对象的只读引用，请参阅 Screen 对象
self	返回对当前窗口的引用，等价于 Window 属性
status	设置窗口状态栏的文本
top	返回最顶层的先辈窗口
window	Window 属性等价于 self 属性，它包含了对窗口自身的引用
screenLeft screenTop screenX screenY	只读整数。声明了窗口的左上角在屏幕上的 x 坐标和 y 坐标。IE、Safari 和 Opera 支持 screenLeft 和 screenTop，而 Firefox 和 Safari 支持 screenX 和 screenY

表 4.22 Window 对象方法

方 法	描 述
alert( )	显示带有一段消息和一个确认按钮的警告框
blur( )	把键盘焦点从顶层窗口移开

续表

方 法	描 述
clearInterval( )	取消由 setInterval( )设置的 timeout
clearTimeout( )	取消由 setTimeout( )方法设置的 timeout
close( )	关闭浏览器窗口
confirm( )	显示带有一段消息以及确认按钮和取消按钮的对话框
createPopup( )	创建一个 pop-up 窗口
focus( )	把键盘焦点给予一个窗口
moveBy( )	把可相对窗口的当前坐标移动到指定的像素
moveTo( )	把窗口的左上角移动到一个指定的坐标
open( )	打开一个新的浏览器窗口或查找一个已命名的窗口
print( )	打印当前窗口的内容
prompt( )	显示可提示用户输入的对话框
resizeBy( )	按照指定的像素调整窗口的大小
resizeTo( )	把窗口的大小调整到指定的宽度和高度
scrollBy( )	按照指定的像素值来滚动内容
scrollTo( )	把内容滚动到指定的坐标
setInterval( )	按照指定的周期(以毫秒计)来调用函数或计算表达式
setTimeout( )	在指定的毫秒数后调用函数或计算表达式

以下代码用于显示各种弹出对话框:

```
<html >
    <head >
        <script type = "text/javascript" >
            function  disp_confirm( ){
                var  r = confirm( "请点击一个按钮" ) ;
                if (r == true) {
                    document. write( "您点击了确认!" ) ;
                } else {
                    document. write( "您点击了取消!" ) ;
                }
            }
        </script >
    </head >
    <body >
```

```
        <input type = "button"  onclick = "disp_confirm()"  value = "显示一个确认框" />
    </body>
</html>
```

以下示例使用 prompt()弹出输入对话框：

```
<html>
    <head>
        <script  type = "text/javascript" >
            function  disp_prompt() {
                var  name = prompt("请输入您的名字","Bill Gates");
                if (name!  = null  && name!  = "") {
                    document.write("你好，"  + name + "！今天过得好吗?");
                }
            }
        </script>
    </head>
    <body>
        <input type = "button"  onclick = "disp_prompt()"  value = "显示一个提示框" />
    </body>
</html>
```

以下代码使用 moveBy()方法移动浏览器窗口：

```
<html>
    <head>
        <script type = "text/javascript" >
            function moveWin() {
                myWindow.moveBy(50,50);
                myWindow.focus();
            }
        </script>
    </head>
    <body>
        <script type = "text/javascript" >
            myWindow = window.open("","",'width = 200,height = 100');
            myWindow.document.write("This is 'myWindow'");
        </script>
        <input type = "button"  value = "Move 'myWindow'"  onclick = "moveWin()" />
    </body>
</html>
```

以下代码使用 moveTo( )方法将窗口移动到参数指定的位置：

```
<html>
    <head>
        <script type="text/javascript">
            function moveWin() {
                myWindow.moveTo(0,0);
                myWindow.focus();
            }
        </script>
    </head>
    <body>
        <script type="text/javascript">
            myWindow = window.open('','','width=200,height=100');
            myWindow.document.write("This is 'myWindow'");
        </script>
        <input type="button" value="Move 'myWindow'" onclick="moveWin()" />
    </body>
</html>
```

以下代码使用 setInterval 定时方法实现跑马灯效果：

```
<html>
    <body>
        <input type="text" id="clock" size="35" />
        <script language=javascript>
            var int=self.setInterval("clock()",50);
            function clock() {
                var t=new Date();
                document.getElementById("clock").value=t;
            }
        </script>
        <button onclick="int=window.clearInterval(int)">
            Stop interval
        </button>
    </body>
</html>
```

以下代码使用 setTimeout( )方法设置定时器，按指定时间间隔执行一遍某函数：

```
<html>
    <head>
        <script type = "text/javascript" >
            function timedMsg( ) {
                var t = setTimeout( " alert( '5 seconds! ')" ,5000) ;
            }
        </script>
    </head>
    <body>
        <form>
            <input type = "button" value = "显示计时的消息框!" onClick = "timedMsg( )" >
        </form>
        <p>点击上面的按钮。5 秒后会显示一个消息框。</p>
    </body>
</html>
```

Window 对象表示一个浏览器窗口或一个框架。在客户端 JavaScript 中,Window 对象是全局对象,所有的表达式都在当前的环境中计算。也就是说,要引用当前窗口根本不需要特殊的语法,可以把那个窗口的属性作为全局变量来使用。例如,可以只写 document,而不必写 window. document。

同样,可以把当前窗口对象的方法当作函数来使用,如只写 alert( ),而不必写 Window. alert( )。

Window 对象的 window 属性和 self 属性引用的都是它自己。当设计者想明确地引用当前窗口,而不仅仅是隐式地引用它时,可以使用这两个属性。除了这两个属性之外,parent 属性、top 属性以及 frame[ ]数组都引用了与当前 Window 对象相关的其他 Window 对象。

要引用窗口中的一个框架,可以使用如下语法:

```
frame[i]              //当前窗口的框架
self. frame[i]        //当前窗口的框架
w. frame[i]           //窗口 w 的框架
```

要引用一个框架的父窗口(或父框架),可以使用下面的语法:

```
parent                //当前窗口的父窗口
self. parent          //当前窗口的父窗口
w. parent             //窗口 w 的父窗口
```

要从顶层窗口含有的任何一个框架中引用它,可以使用如下语法:

```
top                   //当前框架的顶层窗口
self. top             //当前框架的顶层窗口
f. top                //框架 f 的顶层窗口
```

新的顶层浏览器窗口由方法 Window.open()创建。当调用该方法时，应把 open()调用的返回值存储在一个变量中，然后使用那个变量来引用新窗口。新窗口的 opener 属性反过来引用了打开它的那个窗口。

一般来说，Window 对象的方法都是对浏览器窗口或框架进行某种操作。而 alert()方法、confirm()方法和 prompt 方法则不同，它们通过简单的对话框与用户进行交互。

4.6.2 Navigator 对象

Navigator 对象包含有关浏览器的信息，其属性和方法见表 4.23 和表 4.24。

表 4.23 Navigator 对象属性

属　性	描　述
appCodeName	返回浏览器的代码名
appMinorVersion	返回浏览器的次级版本
appName	返回浏览器的名称
appVersion	返回浏览器的平台和版本信息
browserLanguage	返回当前浏览器的语言
cookieEnabled	返回指明浏览器中是否启用 cookie 的布尔值
cpuClass	返回浏览器系统的 CPU 等级
onLine	返回指明系统是否处于脱机模式的布尔值
platform	返回运行浏览器的操作系统平台
systemLanguage	返回 OS 使用的默认语言
userAgent	返回由客户机发送服务器的 user-agent 头部的值
userLanguage	返回 OS 的自然语言设置

表 4.24 Navigator 对象方法

方　法	描　述
javaEnabled()	规定浏览器是否启用 Java
taintEnabled()	规定浏览器是否启用数据污点(data tainting)

Navigator 对象包含的属性描述了正在使用的浏览器，可以使用这些属性进行平台专用的配置。Navigator 对象的实例是唯一的，可以用 Window 对象的 navigator 属性来引用它。

4.6.3 Screen 对象

Screen 对象包含有关客户端显示屏幕的信息，其属性见表 4.25。

每个 Window 对象的 screen 属性都引用一个 Screen 对象。Screen 对象中存放着有关显示浏览器屏幕的信息。JavaScript 程序将利用这些信息来优化它们的输出，以达到用户的显示要求。例如，一个程序可以根据显示器的尺寸选择使用大图像还是使用小图像，它还可以根据显示器的颜色深度选择使用16位色还是使用8位色的图形。另外,JavaScript程序还能根据有关屏幕尺寸的信息将新的浏览器窗口定位在屏幕中间。

表4.25 Screen对象属性

属 性	描 述
availHeight	返回显示屏幕的高度(除Windows任务栏之外)
availWidth	返回显示屏幕的宽度(除Windows任务栏之外)
bufferDepth	设置或返回调色板的比特深度
colorDepth	返回目标设备或缓冲器上的调色板的比特深度
deviceXDPI	返回显示屏幕的每英寸水平点数
deviceYDPI	返回显示屏幕的每英寸垂直点数
fontSmoothingEnabled	返回用户是否在显示控制面板中启用了字体平滑
height	返回显示屏幕的高度
logicalXDPI	返回显示屏幕每英寸的水平方向的常规点数
logicalYDPI	返回显示屏幕每英寸的垂直方向的常规点数
pixelDepth	返回显示屏幕的颜色分辨率(比特每像素)
updateInterval	设置或返回屏幕的刷新率
width	返回显示器屏幕的宽度

4.6.4 History对象

History对象包含用户(在浏览器窗口中)访问过的URL。History对象是window对象的一部分,可通过window.history属性对其进行访问。其属性和方法见表4.26和表4.27。

表4.26 History对象属性

属 性	描 述
length	返回浏览器历史列表中的URL数量

表4.27 History对象方法

方 法	描 述
back()	加载history列表中的前一个URL
forward()	加载history列表中的下一个URL
go()	加载history列表中的某个具体页面

History对象最初用来表示窗口的浏览历史。但出于隐私方面的原因,History对象不再允许脚本访问已经访问过的实际URL。唯一保持使用的功能只有back()、forward()和go()方法。

下面一行代码执行的操作与单击后退按钮执行的操作相同：

```
history.back()
```

下面一行代码执行的操作与单击两次后退按钮执行的操作相同：

```
history.go(-2)
```

4.6.5 Location 对象

Location 对象包含有关当前 URL 的信息。Location 对象是 Window 对象的一个部分，可通过 Window.location 属性来访问。其属性和方法见表 4.28 和表 4.29。

表 4.28 Location 对象属性

属性	描述
hash	设置或返回从井号(#)开始的 URL(锚)
host	设置或返回主机名和当前 URL 的端口号
hostname	设置或返回当前 URL 的主机名
href	设置或返回完整的 URL
pathname	设置或返回当前 URL 的路径部分
port	设置或返回当前 URL 的端口号
protocol	设置或返回当前 URL 的协议
search	设置或返回从问号(?)开始的 URL(查询部分)

表 4.29 Location 对象方法

方法	描述
assign()	加载新的文档
reload()	重新加载当前文档
replace()	用新的文档替换当前文档

Location 对象存储在 Window 对象的 Location 属性中，表示那个窗口中当前显示的文档的 Web 地址。它的 href 属性存放的是文档的完整 URL，其他属性则分别描述了 URL 的各个部分。这些属性与 Anchor 对象(或 Area 对象)的 URL 属性非常相似。当一个 Location 对象被转换成字符串，href 属性的值被返回。这意味着你可以使用表达式 location 来替代 location.href。

不过 Anchor 对象表示的是文档中的超链接，Location 对象表示的却是浏览器当前显示文档的 URL(或位置)。但是 Location 对象所能做的远远不止这些，它还能控制浏览器显示文档的位置。如果把一个含有 URL 的字符串赋予 Location 对象或它的 href 属性，浏览器就会装载新的 URL 所指的文档，并显示出来。

除了设置 Location 或 Location.href 用完整的 URL 替换当前的 URL 之外，还可以修改部分

URL,只需要给 Location 对象的其他属性赋值即可。这样做就会创建新的 URL,其中的一部分与原来的 URL 不同,浏览器会将它装载并显示出来。例如,假设设置了 Location 对象的 hash 属性,那么浏览器就会转移到当前文档中的一个指定的位置。同样,如果设置了 search 属性,那么浏览器就会重新装载附加了新的查询字符串的 URL。

除了 URL 属性外,Location 对象的 reload( )方法可以重新装载当前文档。replace( )可以装载一个新文档而无须为它创建一个新的历史纪录,也就是说,在浏览器的历史列表中,新文档将替换当前文档。

4.7　JavaScript DOM 对象

根据 W3C 的 HTML DOM 标准,HTML 文档中的所有内容都是节点:

- 整个文档是一个文档节点;
- 每个 HTML 元素是元素节点;
- HTML 元素内的文本是文本节点;
- 每个 HTML 属性是属性节点;
- 注释是注释节点。

HTML DOM 将 HTML 文档视作树结构。这种结构被称为节点树,如图 4.1 所示。

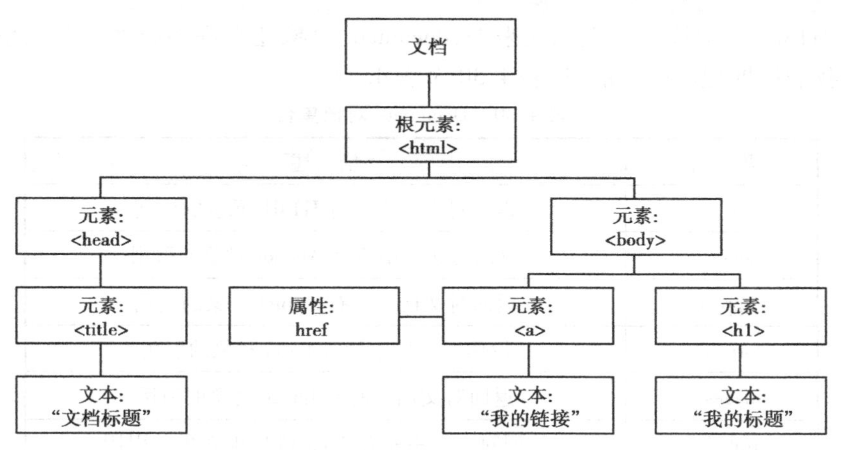

图 4.1　节点树

通过 HTML DOM,树中的所有节点均可通过 JavaScript 进行访问,所有 HTML 元素(节点)均可被修改,也可以创建或删除节点。节点树中的节点彼此拥有层级关系。

- 在节点树中,顶端节点被称为根(root);
- 除了根(它没有父节点),每个节点都有父节点;
- 一个节点可拥有任意数量的子节点;
- 同胞是拥有相同父节点的节点。

节点之间的关系如图 4.2 所示。

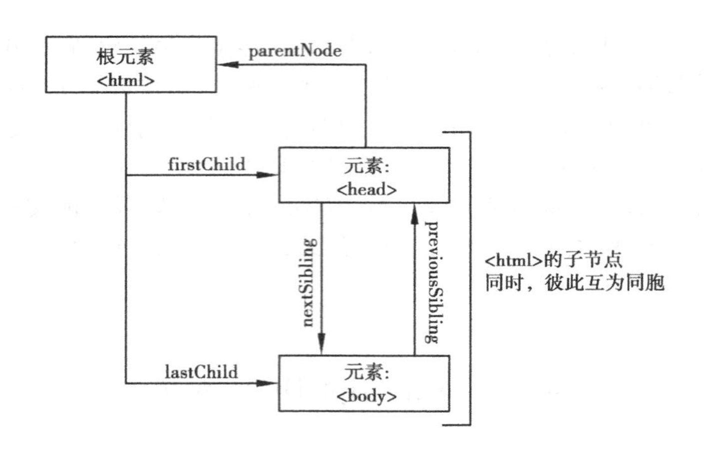

图 4.2　节点之间的关系

4.7.1　document 对象概述

document 对象最强大的一个特性在于它的组织性。如果给页面中的元素起个名字，则可以把该元素当成 document 对象的一个属性来处理。例如，如果在 form 元素"form1"中有一个名叫"txtbox"的文本框，则可以像下面这样去引用该文本框中的文本：

```
document. form1. txtbox. value
```

除了将 HTML 元素按名字组织起来外，document 对象还有许多属性、方法、事件，这些特点可以帮助我们扩展程序的功能，见表 4.30 至表 4.32。

表 4.30　Document 对象集合

集　合	描　述
all[ ]	提供对文档中所有 HTML 元素的访问
anchors[ ]	返回对文档中所有 Anchor 对象的引用
applets	返回对文档中所有 Applet 对象的引用
forms[ ]	返回对文档中所有 Form 对象的引用
images[ ]	返回对文档中所有 Image 对象的引用
links[ ]	返回对文档中所有 Area 和 Link 对象的引用

表 4.31　Document 对象属性

属　性	描　述
body	提供对 <body>元素的直接访问。对于定义了框架集的文档，该属性引用最外层的 <frameset>
cookie	设置或返回与当前文档有关的所有 cooki
domain	返回当前文档的域名
lastModified	返回文档被最后修改的日期和时间

续表

属 性	描 述
referrer	返回载入当前文档的 URL
title	返回当前文档的标题
URL	返回当前文档的 URL

表 4.32 Document 对象方法

方 法	描 述
close( )	关闭用 document. open( )方法打开的输出流,并显示选定的数据
getElementById( )	返回对拥有指定 id 的第一个对象的引用
getElementsByName( )	返回带有指定名称的对象集合
getElementsByTagName( )	返回带有指定标签名的对象集合
open( )	打开一个流,以收集来自任何 document. write( )或 document. writeln( )方法的输出
write( )	向文档写 HTML 表达式或 JavaScript 代码
writeln( )	等同于 write( )方法,不同的是在每个表达式之后写一个换行符

4.7.2 DOM 节点操作

在 HTML DOM(文档对象模型)中,每个部分都是节点:

- 文档本身是文档节点;
- 所有 HTML 元素是元素节点;
- 所有 HTML 属性是属性节点;
- HTML 元素内的文本是文本节点;
- 注释是注释节点。

在 HTML DOM 中,Element 对象表示 HTML 元素。Element 对象可以拥有类型为元素节点、文本节点、注释节点的子节点。NodeList 对象表示节点列表,比如 HTML 元素的子节点集合。元素也可以拥有属性,属性是属性节点。

表 4.33 所示的属性和方法可用于所有 HTML 元素上。

表 4.33 属性和方法

属性/方法	描 述
element. accessKey	设置或返回元素的快捷键
element. appendChild( )	向元素添加新的子节点,作为最后一个子节点
element. attributes	返回元素属性的 NamedNodeMap
element. childNodes	返回元素子节点的 NodeList
element. className	设置或返回元素的 class 属性

续表

属性/方法	描　述
element. clientHeight	返回元素的可见高度
element. clientWidth	返回元素的可见宽度
element. cloneNode( )	克隆元素
element. compareDocumentPosition( )	比较两个元素的文档位置
element. contentEditable	设置或返回元素的文本方向
element. dir	设置或返回元素的文本方向
element. firstChild	返回元素的首个子节点
element. getAttribute( )	返回元素节点的指定属性值
element. getAttributeNode( )	返回指定的属性节点
element. getElementsByTagName( )	返回拥有指定标签名的所有子元素的集合
element. getFeature( )	返回实现了指定特性的 API 的某个对象
element. getUserData( )	返回关联元素上键的对象
element. hasAttribute( )	如果元素拥有指定属性,则返回 true,否则返回 false
element. hasAttributes( )	如果元素拥有属性,则返回 true,否则返回 false
element. hasChildNodes( )	如果元素拥有子节点,则返回 true,否则 false
element. id	设置或返回元素的 id
element. innerHTML	设置或返回元素的内容
element. insertBefore( )	在指定的已有的子节点之前插入新节点
element. isContentEditable	设置或返回元素的内容
element. isDefaultNamespace( )	如果指定的 namespaceURI 是默认的,则返回 true,否则返回 false
element. isEqualNode( )	检查两个元素是否相等
element. isSameNode( )	检查两个元素是否是相同的节点
element. isSupported( )	如果元素支持指定特性,则返回 true
element. lang	设置或返回元素的语言代码
element. lastChild	返回元素的最后一个子元素
element. namespaceURI	返回元素的 namespace URI
element. nextSibling	返回位于相同节点树层级的下一个节点
element. nodeName	返回元素的名称
element. nodeType	返回元素的节点类型
element. nodeValue	设置或返回元素值
element. normalize( )	合并元素中相邻的文本节点,并移除空的文本节点

续表

属性/方法	描 述
element. offsetHeight	返回元素的高度
element. offsetWidth	返回元素的宽度
element. offsetLeft	返回元素的水平偏移位置
element. offsetParent	返回元素的偏移容器
element. offsetTop	返回元素的垂直偏移位置
element. ownerDocument	返回元素的根元素(文档对象)
element. parentNode	返回元素的父节点
element. previousSibling	返回位于相同节点树层级的前一个元素
element. removeAttribute()	从元素中移除指定属性
element. removeAttributeNode()	移除指定的属性节点,并返回被移除的节点
element. removeChild()	从元素中移除子节点
element. replaceChild()	替换元素中的子节点
element. scrollHeight	返回元素的整体高度
element. scrollLeft	返回元素左边缘与视图之间的距离
element. scrollTop	返回元素上边缘与视图之间的距离
element. scrollWidth	返回元素的整体宽度
element. setAttribute()	把指定属性设置或更改为指定值
element. setAttributeNode()	设置或更改指定属性节点
element. setIdAttribute()	
element. setIdAttributeNode()	
element. setUserData()	把对象关联到元素上的键
element. style	设置或返回元素的 style 属性
element. tabIndex	设置或返回元素的 tab 键控制次序
element. tagName	返回元素的标签名
element. textContent	设置或返回节点及其后代的文本内容
element. title	设置或返回元素的 title 属性
element. toString()	把元素转换为字符串
nodelist. item()	返回 NodeList 中位于指定下标的节点
nodelist. length	返回 NodeList 中的节点数

4.8 异常处理

在代码的运行过程中一般会发生两种错误:一是程序内部的逻辑或者语法错误;二是运行环境中或者用户输入不可预知的数据造成的错误。JavaScript 可以捕获异常并进行相应的处理,从而避免了浏览器向用户报错。

4.8.1 利用 try-catch-finally 处理异常

用户可以使用该结构处理可能发生异常的代码。如果发生异常,则由 catch 捕获异常并进行相应的处理,其语法如下:

```
try{
        //要执行的代码
}catch(e){
        //处理异常的代码
}finally{
        //无论异常发生与否,都会执行的代码
}
```

这与 java 或者 C#异常处理的方式是一致的。通过异常处理,可以避免程序停止运行,使程序具有一定的自我修复能力。在 Ajax 开发中,利用异常处理的一个典型应用就是创建 XMLHttpRequest 对象。不同浏览器创建它的方式也是不一样的,为了使代码能够跨浏览器运行,就可以利用异常处理。一种方法不行,可以再用另一种方法,直到不发生异常为止,例如:

```
<script type = "text/javascript" >
    var xmlhttp;
    try{
        //尝试用 IE 的方式创建 XMLHttpRequest 对象
        xmlhttp = new ActionXObject("Microsoft.XMLHTTP");
    }catch(e){
        try{
            //尝试用非 IE 的方式创建 XMLHttpRequest 对象
            xmlhttp = new XMLHttpRequest();
        }catch(e){
        }
    }
</script>
```

利用这种方式,就可以跨浏览器创建 XMLHttpRequest 对象。

4.8.2 利用 throw 处理异常

在 JavaScript 中有其内部的异常机制，在遇到非法操作的时候能自动抛出异常，但在实际的开发过程中，随着程序的不断复杂化，需要自己实现异常，这可以通过 throw 语句来实现："throw value"。其中，vlaue 就是要抛出的异常变量，它可以是 JavaScript 中的任何一种类型，但在 JavaScript 内部的异常中，异常参数 e 是一个名为 error 的对象，可以通过 new Error(message)来创建这个对象。异常的描述被作为 error 对象的一个属性 message，可以由构造函数传入，也可以之后赋值。通过这个异常描述，可以让程序获取异常的详细信息，从而自动处理。例如，下面的程序用于计算两个数据的积，如果参数不是数字，则抛出异常：

```
<script  type="text/javascript">
    //函数默认要求参数是数字
    function  sum(a,b){
        a=parseInt(a);
        b=parseInt(b);
        //如果a或b不能转换为数字则抛出一个异常对象
        if(isNaN(a) || isNaN(b)){
                throw new  Error("参数不是数字");
        }
        return a * b;
    }
    try{
        //错误的调用
        var s=sum(1,"a");
    }catch(e){
        //显示异常的详细信息
        alert(e.message);
    }
</script>
```

程序中使用字母作为参数传递给 sum 函数是错误的，所以函数内抛出了一个异常对象。这个对象被 catch 语句获取，并使用 alert 语句显示其详细信息，JavaScript 的弹出窗口 In JavaScript we can create three kinds of popup boxes: Alert box, Confirm box, and Prompt box.

第5章 JQuery

5.1 JQuery 简介

JavaScript 的出现使得网页和用户之间实现了一种实时的、动态的、交互的关系，使网页可以包含更多活跃的元素和更加精彩的内容。JavaScript 自身存在 3 个弊端，即复杂的文档对象模型（DOM）、不一致的浏览器实现和便捷的开发、调试工具的缺乏。

JQuery 是继 Prototype 之后又一个优秀的 JavaScript 库，是一个由 John Resig 创建于 2006 年 1 月的开源项目。现在的 JQuery 团队主要包括核心库、UI、插件和 JQuery Mobile 等开发人员以及推广和网站设计、维护人员。

JQuery 凭借简洁的语法和跨平台的兼容性，极大地简化了 JavaScript 开发人员遍历 HTML 文档、操作 DOM、处理事件、执行动画和开发 Ajax 的操作。其独特而又优雅的代码风格改变了 JavaScript 程序员的设计思路和编写程序的方式。总之，无论是网页设计师、后台开发者、业余爱好者还是项目管理者，也无论是 JavaScript 初学者还是 JavaScript 高手，都有足够多的理由去学习 JQuery。

5.1.1 JQuery 的优势

JQuery 强调的理念是“写得少，做得多”（write less，do more）。JQuery 独特的选择器、链式的 DOM 操作、事件处理机制和封装完善的 Ajax 都是其他 JavaScript 库望尘莫及的。概括起来，JQuery 有以下优势：

（1）轻量级

JQuery 非常轻巧，采用 Dean Edwards 编写的 Parker 压缩后，大小不到 30 kB。如果使用 Min 版并且在服务器启用 Gzip 压缩后，大小只有 18 kB。

（2）强大的选择器

JQuery 允许开发者使用从 CSS1 到 CSS3 几乎所有的选择器，以及 JQuery 独创的高级而复杂的选择器。另外还可以加入插件使其支持 XPath 选择器，甚至开发者可以编写属于自己的选择器。由于 JQuery 支持选择器这一特性，因此有一定 CSS 经验的开发人员可以很容易地切入到 JQuery 的学习中来。

(3)**出色的 DOM 操作的封装**

JQuery 封装了大量常用的 DOM 操作,使开发者在编写 DOM 操作相关程序的时候能够得心应手。JQuery 可轻松地完成各种原本非常复杂的操作,让 JavaScript 新手也能写出出色的程序。

(4)**可靠的事件处理机制**

吸取了 JavaScript 专家 Dean Edwards 编写的事件处理函数的精华,JQuery 在处理事件绑定的时候相当可靠。在预留退路(graceful degradation)、循序渐进以及非入侵式(Unobtrusive)编程思想方法等方面,JQuery 也做得非常不错。

(5)**完善的 Ajax**

JQuery 将所有的 Ajax 操作封装到一个函数 $.ajax() 里,使得开发者处理 Ajax 的时候能够专心处理业务逻辑而无须关心复杂的浏览器兼容性和 XMLHttpRequest 对象的创建和使用等问题。

(6)**不污染顶级变量**

JQuery 只建立一个名为 JQuery 的对象,其所有的函数方法都在这个对象之下。其别名 $ 也可以随时交出控制权,绝对不会污染其他对象。该特性使 JQuery 可以与其他 JavaScript 库共存,在项目中放心地引用而不需要考虑到后期可能的冲突。

(7)**出色的浏览器兼容性**

作为一个流行的 JavaScript 库,浏览器的兼容性是其必须具备的条件之一。JQuery 能够在 IE6.0 +、FF2 +、Safari2.0 + 和 Opera9.0 + 下正常运行,同时修复了一些浏览器之间的差异,使开发者不必在开展项目前过多考虑浏览器兼容性的问题。

(8)**链式操作方式**

JQuery 中最有特色的地方莫过于它的链式操作方式,即对发生在同一个 JQuery 对象上的一组动作,可以直接连接而无须重复获取对象。这一特点使 JQuery 的代码无比优雅。

(9)**隐式迭代**

当用 JQuery 找到带有".myClass"类的全部元素然后隐藏它们时,无须循环遍历每一个返回的元素。相反,JQuery 里的方法都被设计成自动操作对象的对象集合,而不是单独的对象,这使得大量的循环结构变得不再必要,从而大幅地减少了代码量。

(10)**行为层与结构层的分离**

开发者可以使用 JQuery 选择器选中元素,然后直接给元素添加事件。这种将行为层与结构层完全分离的思想,可以使 JQuery 开发人员或其他页面开发人员各司其职,摆脱过去开发冲突或个人单干的开发模式。同时,后期维护也非常方便,不需要在 HTML 代码中寻找某些函数和重复修改 HTML 代码。

(11)**丰富的插件支持**

JQuery 的易扩展性,吸引了来自全球的开发者来编写 JQuery 的扩展插件。目前已经有超过几百种的官方插件支持,而且还不断有新插件出现。

(12)**完善的文档**

JQuery 的文档非常丰富,现阶段多为英文文档,中文文档相对较少。很多热爱 JQuery 的团队都在努力完善 JQuery 的中文文档,例如 JQuery 的中文 API,图灵教育翻译的《Learning

JQuery》等。

(13)开源

JQuery 是一个开源的产品,任何人都可以自由地使用并提出改进意见。

5.1.2 JQuery 库类型说明

JQuery 库类型分为两种,分别是生产版(最小化和压缩版)和开发版(未压缩版),它们的区别见表 5.1。

表 5.1 几种 JQuery 库类型对比

名 称	大 小	说 明
JQuery. js(开发版)	约 229 kB	完整无压缩版本,主要用于测试、学习和开发
JQuery. min. js(生产版)	约 31 kB	经过工具压缩或经过服务器开启 Gzip 压缩,主要应用于产品和项目

5.1.3 JQuery 环境配置

JQuery 不需要安装,把下载的 jquery. js 放到当前位置,然后在相关的 HTML 文档中引用该文件即可。可以通过下面的标记把 JQuery 添加到网页中:

```
<head>
    <script type="text/javascript" src="jquery.js"></script>
</head>
```

注意:<script>标签应该位于页面的<head>部分。

5.1.4 JQuery 语法

JQuery 语法是为 HTML 元素的选取编制的,可以对元素执行某些操作,基础语法是:

```
$(selector).action()
```

- 美元符号定义 JQery;
- 选择符(selector)“查询”和“查找”HTML 元素;
- JQuery 的 action()执行对元素的操作。

示例代码如下:

```
$(this).hide()          //隐藏当前元素
$("p").hide()           //隐藏所有段落
$(".test").hide()       //隐藏所有 class="test"的所有元素
$("#test").hide()       //隐藏所有 id="test"的元素
```

提示:在 JQuery 库中,$就是 JQuery 的一个简写形式,例如 $("#foo")和 jQuery("#foo")是等价的,$.ajax 和 JQuery.ajax 是等价的。如果没有特别说明,程序中的$符号都是 JQuery 的一个简写形式。

5.1.5 第一个 JQuery 程序

下面的示例用于显示一个对话框：

```
<! --引入 jquery 文件 -- >
<script src = "jquery.js" > </script >
<script >
    $(document).ready(function(){          //等待 Dom 元素加载完毕
        alert("hello world");              //弹出一个框,内容为 hello world
    });
</script >
```

运行结果如图 5.1 所示。

图 5.1 运行结果

在上面的代码中有一个陌生的代码片段，如下：

```
$(document).ready(function(){
    //程序段
});
```

这段代码类似于传统的 javascript 代码：

```
window.onload = function(){
    //程序段
}
```

虽然这两个代码段在功能上可以互换，但它们之间还是有许多区别：

- 执行时间不同。$(document).ready 在页面框架下载完毕后就执行；而 window.onload 必须在页面全部加载完毕（包含图片下载）后才能执行。很明显，前者的执行效率高于后者。
- 执行数量不同。$(document).ready 可以重复写多个，并且每次执行结果不同；而 window.onload 尽管可以执行多个，但仅输出最后一个执行结果，无法完成多个结果的输出。

$(document).ready(function(){}) 可以简写成 $(function(){})，即：

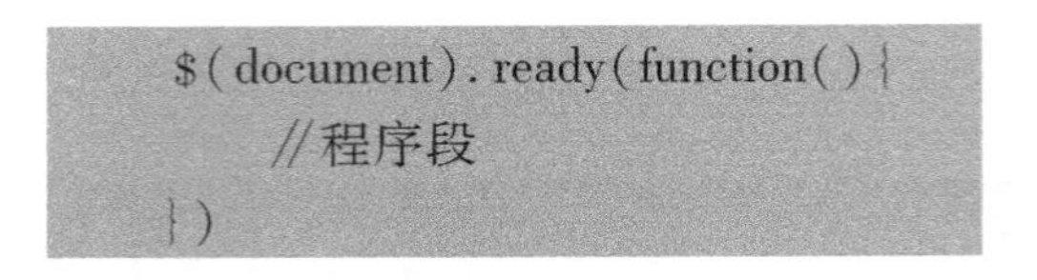

```
$(document).ready(function(){
    //程序段
})
```

等价于

```
$(function(){
    //程序段
})
```

5.2 选择器

5.2.1 选择器的定义

JQuery 选择器继承了 CSS 和 Path 语言的部分语法，允许通过标签名、属性名或内容对 DOM 元素进行快速、准确的选择，而不必担心浏览器的兼容性。通过 JQuery 选择器对页面元素的精准定位，才能完成元素属性的行为和对行为的处理。

JQuery 选择器分为基本选择器、层次选择器、过滤选择器和表单选择器。

5.2.2 基本选择器

基本选择器是 JQuery 中最常用的选择器，也是最简单的选择器，它通过元素 id、class 和标签名等来查找 DOM 元素。在页面中，每个 id 名称只能使用一次，class 允许重复使用。基本选择器的介绍说明见表 5.2。

表 5.2　基本选择器

选择器	描　述	返　回	示　例
#id	根据给定的 id 匹配一个元素	单个元素	$("#test")选取 id 为 test 的元素
.class	根据给定的类名匹配元素	集合元素	$(".test")选取 class 为 test 的元素
element	根据给定的元素名匹配元素	集合元素	$("p")选取所有的 <p> 元素
*	匹配所有元素	集合元素	$("*")选取所有的元素
selector1, selector2, …, selectorN	将每一个选择器匹配到的元素合并到一起返回	集合元素	$("div,span,p.myClass")选取所有的 <div>，<span> 和拥有 class 为 myClass 的 <p> 标签的一组元素

5.2.3 使用 JQuery 基本选择器选择元素

(1)功能描述

一个页面包含两个 <div> 标记，其中一个用于设置 id 属性，另一个用于设置 class 属性。再增加一个 <span> 标记，全部元素初始值均为隐藏，然后通过 JQuery 基本选择器显示相应的页面标记。

(2)实现代码

新建一个 HTML 文件，加入如下所示的代码：

```
<!DOCTYPE html>
<html>
<head>
    <title>使用 JQuery 基本选择器</title>
    <meta charset="UTF-8">
    <style type="text/css">
        body{font-size:14px;text-align: center;}
        .div1{width:300px; height: 100px;}
        .div1 div,span{display: none; float: left; width: 50px;height: 50px;
border: solid 1px #0f0; margin: 10px;}
        .classOne{background-color: #eee;}
    </style>
    <!--引入 jquery 文件-->
    <script src="jquery.js"></script>
    <script>
        $(function(){
            $("#divOne").css("display","block");
        })
        $(function(){
            $("div span").css("display","block");
        })
        $(function(){
            $(".div1 .classOne").css("display","block");
        })
        $(function(){
            $("*").css("display","block");
        })
        $(function(){
            $("#divOne,span").css("display","block");
        })
    </script>
</head>
<body>
    <div class="div1">
        <div id="divOne">id</div>
        <div class="classOne">class</div>
        <span>span</span>
    </div>
</body>
</html>
```

(3)页面效果

每个基本选择器执行后的结果见表 5.3。

表 5.3　页面执行效果

关键代码	功能描述	页面效果
无	未添加任何 JS 代码	显示空白页面
$("#divOne").css("display","block");	显示 id 为 divOne 的页面元素	id
$(".div span").css("display","block");	显示元素名为 span 的页面元素	span
$(".div1 .classOne").css("display","block");	显示类名为 classOne 的页面元素	class
$(" * ").css("display","block");	显示页面中的所有元素	id　class　span
$("#divOne,span").css("display","block");	显示 id 为 divOne 和元素名为 span 的页面元素	id　span

5.2.4　层次选择器

如果想通过 DOM 元素之间的层次关系来获取特定元素,例如后代元素、子元素、相邻元素和同辈元素等,那么层次选择器是一个非常好的选择。其详细说明见表 5.4。

表 5.4　层次选择器语法

选择器	功　能	返回值
$("ancestor descendant")	根据祖先元素匹配所有的后代元素	元素集合
$("parent >child")	根据父元素匹配所有的子元素	元素集合
$("prev + next")	匹配所有紧接在 prev 元素后的相邻元素	元素集合
$("prev ~ siblings")	匹配 prev 元素之后的所有兄弟元素	元素集合

说明:ancestor descendant 与 parent > child 所选择的元素集合是不同的,前者的层次关系是祖先与后代,而后者是父子关系;另外,prev + next 可以使用.next()代替,而 prev ~ siblings 可以使用 nextAll()代替,见表 5.5。

表 5.5　$("prev + next")选择器与 next()方法的等价关系

关　系	选择器	方　法
等价关系	$(".one + div");	$(".one").next("div");
等价关系	$("#prev ~ div");	$("#prev").nextAll("div");

5.2.5　过滤选择器

过滤选择器主要是通过特定的过滤规则来筛选出所需的 DOM 元素,过滤规则与 CSS 中的伪类选择器语法相同,即选择器都以一个冒号(:)开头。按照不同的过滤规则,过滤选择器可以分为基本过滤、内容过滤、可见性过滤、属性过滤、子元素过滤和表彰对象属性过滤选择器。

(1)基本过滤选择器

其详细说明见表5.6。

表5.6 基本过滤选择器

选择器	功 能	返回值
first()或:first	获取第一个元素	单个元素
last()或:last	获取最后一个元素	单个元素
:not(selector)	获取除给定选择器外的所有元素	元素集合
:even	获取所有索引值为偶数的元素,索引号从0开始	元素集合
:odd	获取所有索引值为奇数的元素,索引号从0开始	元素集合
:eq(index)	获取指定索引值的元素,索引号从0开始	单个元素
:gt(index)	获取所有大于给定索引值的元素,索引号从0开始	元素集合
:lt(index)	获取所有小于给定索引值的元素,索引号从0开始	元素集合
:header	获取所有标题类型的元素,如h1、h2……	元素集合
:animated	获取正在执行动画效果的元素	元素集合

(2)内容过滤选择器

内容过滤选择器根据元素中的文字内容或所包含的子元素特征获取元素,其文字内容可以模糊或绝对匹配进行元素定位,其过滤规则主要体现在它所含的子元素或文本内容上。其详细说明见表5.7。

表5.7 内容过滤选择器语法

选择器	功 能	返回元素
:contains(text)	获取包含给定文本的元素	元素集合
:empty	获取所有不包含子元素或者文本的空元素	元素集合
:has(selector)	获取含有选择器所匹配元素的元素	元素集合
:parent	获取含有子元素或者文本的元素	元素集合

(3)可见性过滤选择器

可见性过滤选择器是根据元素是否可见的特征获取元素,其详细说明见表5.8。

表5.8 可见性过滤选择器语法

选择器	功 能	返回值
:hidden	获取所有不可见的元素,或type为hidden的元素	元素集合
:visible	获取所有可见的元素	元素集合

(4)**属性过滤选择器**

属性过滤选择器根据元素的某个属性获取元素,如 id 号或匹配属性值的内容,并以[号开始、以]号结束。其详细说明见表 5.9。

表 5.9　属性过滤选择器语法

选择器	功　能	返回值
[attribute]	获取包含给定属性的元素	集合元素
[attribute = value]	获取等于给定的属性是某个特定值的元素	集合元素
[attribute!　= value]	获取不等于给定的属性是某个特定值的元素	集合元素
[attribute^ = value]	获取给定的属性是以某些值开始的元素	集合元素
[attribute　$ = value]	获取给定的属性是以某些值结尾的元素	集合元素
[attribute *　= value]	获取给定的属性是以包含某些值的元素	集合元素
[attribute | = value]	获取给定的属性等于某些值或以该值为前缀的元素	集合元素
[attribute ~　= value]	获取给定的属性用空格分隔的值中包含一个给定值的元素	集合元素
[attribute1][attribute2][attributeN]	获取满足多个条件的复合属性的元素	集合元素

(5)**子元素过滤选择器**

子元素过滤选择器的过滤规则相对于其他的选择器稍微有些复杂,但只要将元素的父元素和子元素区分清楚,那么使用起来也非常简单。另外,还要注意它与普通的过滤选择器的区别。其详细说明见表 5.10。

表 5.10　元素过滤选择器语法

选择器	功　能	返回值
:nth-child(index/even/odd/equation)	选取每个父元素下的第 index 个子元素或者奇偶元素(index 从 1 算起)	集合元素
:first-child	选取每个父元素的第 1 个子元素	集合元素
:last-child	选取每个父元素的最后一个子元素	集合元素
:only-child	如果某个元素是它父元素中唯一的子元素,那么将会被匹配;如果父元素中含有其他元素,则不会被匹配	集合元素

(6)**表单对象属性过滤选择器**

表单对象属性过滤选择器通过表单中的某对象属性特征获取该类元素,主要是对所选择的表单元素进行过滤。其详细说明见表 5.11。

表 5.11　表单元素属性过滤选择器

选择器	功　能	返回值
:enabled	获取表单中所有属性为可用的元素	元素集合
:disabled	获取表单中所有属性为不可用的元素	元素集合

续表

选择器	功　能	返回值
:checked	获取表单中所有被选中的元素	元素集合
:selected	获取表单中所有被选中 option 的元素	元素集合

5.2.6　表单选择器

无论是提交还是传递数据,表单在页面中的作用是显而易见的。通过表单进行数据的提交或处理,在前端页面开发中占据重要地位。因此,为了使用户能更加方便、高效地使用表单,JQuery 选择器中引入了表单选择器。该选择器专为表单量身打造,通过它可以在页面中快速定位某表单对象。其详细说明见表5.12。

表5.12　表单选择器

选择器	功　能	返回值
:input	获取所有 input、textraea、select	集合元素
:text	获取所有单行文本框	集合元素
:password	获取所有密码框	集合元素
:radio	获取所有单选按钮	集合元素
:checkbox	获取所有多选框	集合元素
:submit	获取所有的提交按钮	集合元素
:image	获取所有图像域	集合元素
:reset	获取所有重围按钮	集合元素
:button	获取所有按钮	集合元素
:file	获取所有文件域	集合元素
:hidden	获取所有不可见元素	集合元素

5.2.7　选择器实例

本实例实现某网站上的一个品牌列表的展示效果,用户进入该页面时,品牌列表默认是精简显示的(即不完整的品牌列表)。

用户可以单击"显示全部品牌"按钮来显示全部的品牌。单击"显示全部品牌"按钮的同时,列表会将推荐的品牌的名字高亮显示,按钮里的文字也换成了"精简显示品牌"。

为了实现这个例子,首先需要设计它的 HTML 结构。HTML 代码如下:

```
< div class = "SubCategoryBox" >
< ul >
< li  > < a href = "#" > 佳能 < /a > < i > (30440)  < /i > < /li >
```

```
        <li><a href="#">索尼</a><i>(27220)</i></li>
        <li><a href="#">三星</a><i>(20808)</i></li>
        <li><a href="#">尼康</a><i>(17821)</i></li>
        <li><a href="#">松下</a><i>(12289)</i></li>
        <li><a href="#">卡西欧</a><i>(8242)</i></li>
        <li><a href="#">富士</a><i>(14894)</i></li>
        <li><a href="#">柯达</a><i>(9520)</i></li>
        <li><a href="#">宾得</a><i>(2195)</i></li>
        <li><a href="#">理光</a><i>(4114)</i></li>
        <li><a href="#">奥林巴斯</a><i>(12205)</i></li>
        <li><a href="#">明基</a><i>(1466)</i></li>
        <li><a href="#">爱国者</a><i>(3091)</i></li>
        <li><a href="#">其他品牌相机</a><i>(7275)</i></li>
    </ul>
    <div class="showmore">
        <a href="more.html"><span>显示全部品牌</span></a>
    </div>
</div>
```

然后为上面的 HTML 代码添加 CSS 样式。页面初始化的效果如图 5.2 所示。

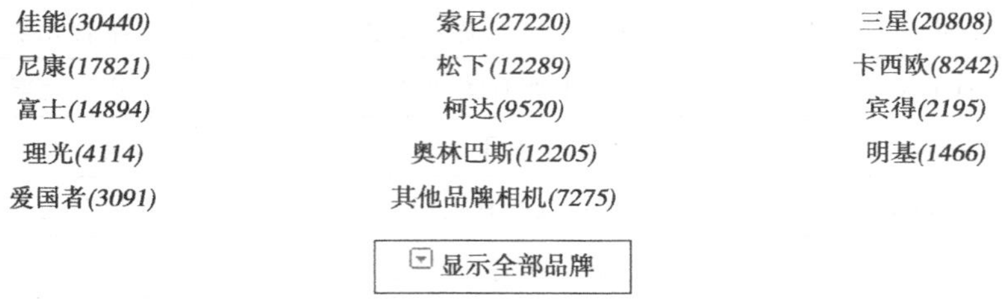

佳能*(30440)*	索尼*(27220)*	三星*(20808)*
尼康*(17821)*	松下*(12289)*	卡西欧*(8242)*
富士*(14894)*	柯达*(9520)*	宾得*(2195)*
理光*(4114)*	奥林巴斯*(12205)*	明基*(1466)*
爱国者*(3091)*	其他品牌相机*(7275)*	

显示全部品牌

图 5.2　品牌展示列表(精简)

接下来为这个页面添加一些交互效果,要做的工作有以下几项:

①从第 7 条开始隐藏后面的品牌(最后一条“其他品牌相机”除外)。

②当用户单击“显示全部品牌”按钮时,将执行以下操作:

- 显示隐藏的品牌。
- “显示全部品牌”按钮文本切换成“精简显示品牌”。
- 高亮显示推荐品牌。

③当用户单击“精简显示品牌”按钮时,将执行以下操作:

- 从第 5 条开始隐藏后面的品牌(最后一条“其他品牌相机”除外)。
- “精简显示品牌”按钮文本切换成“显示全部品牌”。
- 去掉高亮显示的推荐品牌。

④循环进行第②步和第③步。

下面逐步来完成以上效果。

从第 5 条开始隐藏后面的品牌(最后一条“其他品牌相机”除外):

```
var $category = $("ul li:gt(5):not(:last)");
    $category.hide();                          // 隐藏上面获取到的 JQuery 对象。
```

$("ul li:gt(5):not(:last)")的意思是先获取 <ul> 元素下索引值大于 5 的 <li> 元素的集合元素,然后去掉集合元素中的最后一个元素。这样,即可获取从第 7 条开始至倒数第 2 条的所有品牌。最后通过 hide()方法隐藏这些元素。

当用户单击“显示全部品牌”按钮时,首先获取到按钮,代码如下:

```
var $toggleBtn = $('div.showmore > a');          //获取"显示全部品牌"按钮
```

然后给按钮添加事件,使用 show()方法把隐藏的品牌列表显示出来,代码如下:

```
$toggleBtn.click(function(){
            $category.show();                //添加高亮样式
            return false;                    //超链接不跳转
        });
```

由于给超链接添加了 onclick 事件,因此需要使用"return false"语句让浏览器认为用户没有单击该超链接,从而阻止该超链接跳转。

之后,需要将“显示全部品牌”按钮文本切换成“精简显示品牌”,代码如下:

```
$('.showmore a span')
            .css("background","url(img/up.gif) no-repeat 0  0")
            .text("精简显示品牌");          //这里使用了链接操作
```

这里完成了两步操作,即把按钮的背景图片换成向上的图片,同时也改变了按钮文本内容,将其替换成“精简显示品牌”。

接下来需要高亮显示推荐品牌,代码如下:

```
$('ul li').filter(":contains('佳能'),:contains('尼康'),:contains('奥林巴斯')")
            .addClass("promoted")          //添加高亮样式
```

使用 filter()方法筛选出符合要求的品牌,然后为它们添加 promoted 样式。在这里推荐了 3 个品牌,即佳能、尼康和奥林巴斯。

此时,完成的 JQuery 代码如下:

```
$(function(){                                    //等待 DOM 加载完毕
var $category = $('ul li:gt(5):not(:last)');
//获得索引值大于 5 的品牌集合对象(除最后一条)
      $category.hide();                          //隐藏上面获取到的 JQuery 对象
     var $toggleBtn = $('div.showmore > a');   //获取“显示全部品牌”按钮
      $toggleBtn.click(function(){
          $category.show();                      //显示 $category
          $('.showmore a span')
```

```
                .css("background","url(img/up.gif) no-repeat 0 0")
                .text("精简显示品牌");                    //改变背景图片和文本
        $('ul li').filter(":contains('佳能'),:contains('尼康'),:contains('奥林巴斯')")
                .addClass("promoted");                    //添加高亮样式
                return false;                             //超链接不跳转
        })
})
```

运行上面的代码,单击“显示全部品牌”按钮后,显示效果如图 5.3 所示。此时已经能够正常显示全部品牌了。

佳能(30440)	索尼(27220)	三星(20808)
尼康(17821)	松下(12289)	卡西欧(8242)
富士(14894)	柯达(9520)	宾得(2195)
理光(4114)	奥林巴斯(12205)	明基(1466)
爱国者(3091)	其他品牌相机(7275)	

精简显示品牌

图 5.3　当按钮被单击后

当用户单击“精简显示品牌”按钮时,将执行以下操作:

由于用户单击的是同一个按钮,因此事件仍然是在刚才的按钮元素上。要将切换两种状态的效果在一个按钮上进行,可以通过判断元素的显示或者隐藏来达到目的,代码结构如下:

```
if(元素显示)){
        //元素隐藏①
}else{
        //元素显示②
}
```

前已叙述代码②的内容,接下来只需要完成代码①的内容即可。

在 JQuery 中,与 show()方法相反的是 hide()方法,因此可以使用 hide()方法将品牌隐藏起来,代码如下:

```
$category.hide();                                   //隐藏 $category
```

然后将“精简显示品牌”按钮文本切换成“显示全部品牌”,同时按钮图片换成向下的图片,这一步与前面类似,只不过是图片路径和文本内容不同而已,代码如下:

```
$('.showmore a span')
        .css("background","url(img/up.gif) no-repeat 0 0")
        .text("精简显示品牌");                          //改变背景图片和文本
```

接下来需要去掉所有品牌的高亮显示状态,可以使用 removeClass()方法来完成,代码如下:

```
$('ul li').removeClass("promoted");                //去掉高亮样式
```

它将去掉所有 <li> 元素上的“promoted”样式，即去掉了品牌的高亮状态。至此代码①完成，最后通过判断元素是否显示来分别执行代码①和代码②，代码如下：

```
    if( $category 判断.is(":visible")){              //如果元素显示，则执行对应的代码
```

之后即可将代码①和代码②插入相应的位置，代码如下：

```
if( $category.is(":visible")){                         //如果元素显示
            $category.hide();                          //隐藏 $category
            $('.showmore a span')
                    .css("background","url(img/down.gif) no-repeat 0 0")
                    .text("显示全部品牌");               //改变背景图片和文本
            $('ul li').removeClass("promoted");        //去掉高亮样式
}else{
      $category.show();                                //显示 $category
      $('.showmore a span')
            .css("background","url(img/up.gif) no-repeat 0 0")
            .text("精简显示品牌");                       //改变背景图片和文本
      $('ul li').filter(":contains('佳能'),:contains('尼康'),:contains('奥林巴斯')")
.addClass("promoted");   //添加高亮样式
}
```

至此任务完成，完整的 JQuery 代码如下：

```
$(function(){                                          //等待 DOM 加载完毕
        var $category = $('ul li:gt(5):not(:last)'); //获得索引值大于 5 的品牌集合对
象(除最后一条)
         $category.hide();                             //隐藏上面获取到的 JQuery 对象。
        var $toggleBtn = $('div.showmore >a');         //获取"显示全部品牌"按钮
         $toggleBtn.click(function(){
                if( $category.is(":visible")){
                        $category.hide();              //隐藏 $category
                        $('.showmore a span')
                              .css("background","url(img/down.gif) no-repeat 0 0")
                              .text("显示全部品牌");         //改变背景图片和文本
                        $('ul li').removeClass("promoted");  //去掉高亮样式
                }else{
                        $category.show();                    //显示 $category
                        $('.showmore a span')
```

```
                              .css("background","url(img/up.gif) no-repeat 0 0")
                              .text("精简显示品牌");  //改变背景图片和文本
                         $('ul li').filter(":contains('佳能'),:contains('尼康'),:contains
('奥林巴斯')").addClass("promoted");                  //添加高亮样式
                }
           return false;                              //超链接不跳转
      })
})
```

运行代码后单击按钮,品牌列表会在“全部”和“精简”两种效果之间循环切换,显示效果如图 5.4 和图 5.5 所示。

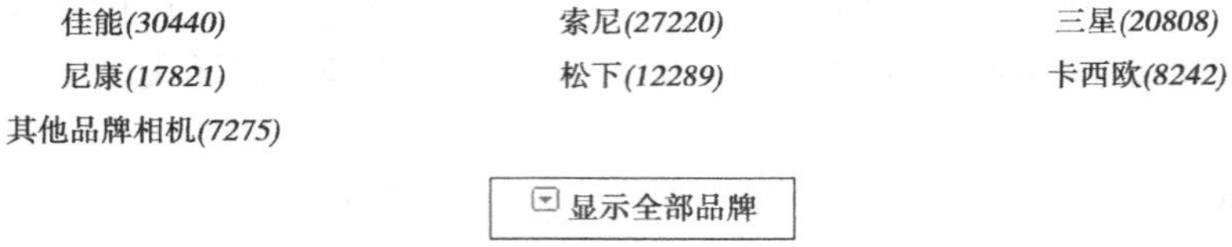

佳能(30440)	索尼(27220)	三星(20808)
尼康(17821)	松下(12289)	卡西欧(8242)
其他品牌相机(7275)		

显示全部品牌

图 5.4　精简模式

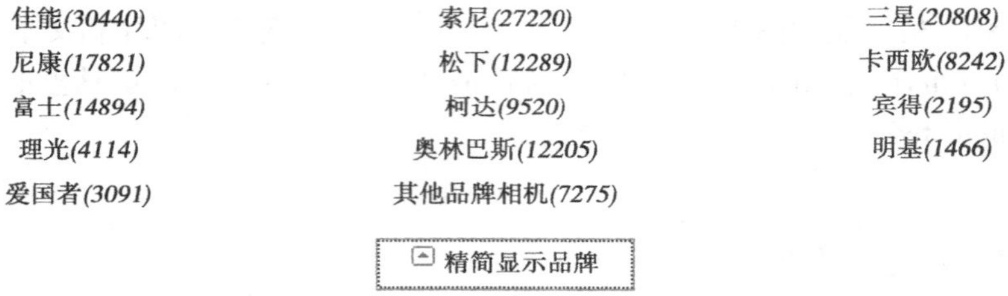

佳能(30440)	索尼(27220)	三星(20808)
尼康(17821)	松下(12289)	卡西欧(8242)
富士(14894)	柯达(9520)	宾得(2195)
理光(4114)	奥林巴斯(12205)	明基(1466)
爱国者(3091)	其他品牌相机(7275)	

精简显示品牌

图 5.5　全部模式

在 JQuery 中有一个方法更适合上面的情况,它能给一个按钮添加一组交互事件,而不需要像上例一样去判断。上例的代码如下:

```
toggleBtn.click(function(){
   if( $category.is(":visible")){                       //如果元素显示
//元素隐藏①
}else{
            //元素显示②
}
})
```

如果改成 toggle()方法,代码则可以直接写成以下形式:

```
$toggleBtn. toggle (function(){                         //toggle()方法用来交换一组动作
    if( $category.is(":visible")){                      //如果元素显示
//元素隐藏③
```

```
},toggle(){
        //元素显示④
}
})
```

当单击按钮后,脚本会对代码③和代码④进行交替处理。

5.3　DOM 节点操作

DOM 是 Document Object Model 的缩写,意思是文档对象的模型。根据 W3C DOM 规范,DOM 是一种与浏览器、平台、语言无关的接口,使用该接口可以轻松地访问页面中所有的标准组件。简单来说,DOM 解决了 NetScape 的 JavaScript 和 Microsoft 的 Jscript 之间的冲突,给予了 Web 设计师和开发者一套方便准确的方法,让他们能够轻松获取和操作网页中的数据、脚本和表现层对象。

单词"Document"即文档,当创建一个页面并加载到 Web 浏览器时,DOM 模型则根据该页面的内容创建一个文档的文件;单词"Object"即对象,是指独立的一组数据集合。例如,常把新建的页面文档称为文档对象,把与对象相关联的特征称为对象属性,把访问对象的函数称为对象方法。单词"Model"即模型,在页面文档中,通过树将模型展示页面的元素和内容,其展示的方式则是通过节点(node)来实现的。

DOM Core 并不专属于 JavaScritp,任何一种支持 DOM 的程序设计语言都可以使用它。它的用途并非仅限于处理网页,也可以用来处理任何一种标记语言编写出来的文档,例如 XML。

JavaScript 中的 getElementById()、getElementsByTagName()、getAttribute()和 setAttribute()等方法,都是 DOM Core 的组成部分。

代码如下:

```
<!doctype html>
<html>
    <head>
        <title>DOM</title>
        <style>
            body{
                font-size:13px;
            }
            table,div,p,ul{
                width:280px;
                border:solid 1px red;
                margin: 10px 0px 10px 0px;
```

```
                    padding: 0px;
                    background-color: #999;
                }
            </style>
        </head>
        <body>
            <table>
                <tr> <td>TD1</td> </tr>
                <tr> <td>TD2</td> </tr>
            </table>
            <div>DIV</div>
            <P>P</P>
            <div> <span>SPAN</span> </div>
            <ul>
                <li>LI1</li>
                <li>LI2</li>
            </ul>
          </body>
</html>
```

代码执行后的效果如图 5.6 所示。

图 5.6　运行结果

根据上述页面文档创建出的 DOM 树结构如图 5.7 所示。

在访问页面时，需要与页面中的元素进行交互操作。在操作中，对元素的访问是最频繁、最常用的，主要包括对元素节点、属性内容、值、CSS 的操作。

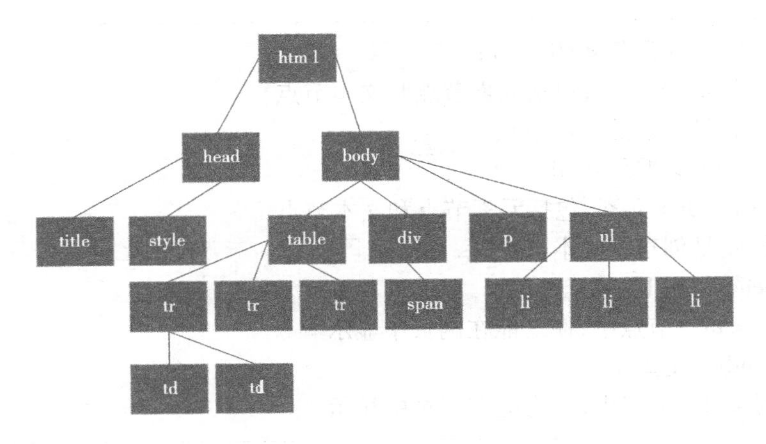

图5.7　DOM树结构图

5.3.1　元素节点操作

(1)创建节点

利用JQuery选择器能够快捷而轻松地查找到文档中某个特定的元素节点,然后可以用attr()方法来获取元素的各种属性的值。

在具体的DOM操作中,常常需要动态创建HTML内容,使文档在浏览器里的呈现效果发生变化,达到各种各样的人机交互的目的。

1)创建元素节点

例如要创建两个<li>元素节点,并且把它们作为<ul>元素节点的子节点添加到DOM节点树上,完成这个任务需要两个步骤:

①创建两个<li>新元素;

②将这两个新元素插入文档中。

第①个步骤可以使用JQuery的工厂函数$()来完成,格式如下:

```
$(html);
```

$(html)方法会根据传入的HTML标记字符串,创建一个DOM对象后返回。

首先创建两个<li>元素,JQuery代码如下:

```
var  $li_1 = $(" <li> </li> ");       //创建第一个<li>元素
var  $li_2 = $(" <li> </li> ");       //创建第二个<li>元素
```

然后将这两个新元素插入文档中,可以使用JQuery中的append()等方法。代码如下:

```
$("ul").append( $li_1);
$("ul").append( $li_2);                  //添加到<ul>节点中,使之能在网页中显示
```

运行代码后,新创建的<li>元素将被添加到网页中,因为暂时没有在它们内部添加任何文本,所以只能看到<li>元素、默认的"·",如图5.8所示。

2)创建文本节点

已经创建两个<li>元素节点并把它们插入文档中了,此时需要为创建的元素节点添加文本内容。代码如下:

```
var $li_1 = $(" <li >香蕉 </li >");
        //创建一个 <li >元素,包括元素节点和文本节点
        //"香蕉"就是创建的文本节点
var $li_2 = $(" <li >雪梨 </li >");
        //创建一个 <li >元素,包括元素节点和文本节点
        //"雪梨"就是创建的文本节点
$("ul").append( $li_1);
        //添加到 <ul >节点中,使之能在网页中显示
$("ul").append( $li_2);
        //添加到 <ul >节点中,使之能在网页中显示
```

如以上代码所示,创建文本节点就是创建元素节点时直接把文本内容写出来,然后使用 append( )等方法将它们添加到文档中就可以了。

创建的 <li >节点显示到网页中的效果如图 5.9 所示。

3)创建属性节点

创建属性节点与创建文本节点类似,也是直接在创建元素节点时一起创建。代码如下:

```
var $li_1 = $(" <li   title = '香蕉'  >香蕉 </li >");
        //创建一个 <li >元素,包括元素节点、文本节点、属性节点
        //其中 title = '香蕉'就是创建的属性节点
var $li_2 = $(" <li   title = '雪梨' >雪梨 </li >");
        //创建一个 <li >元素,包括元素节点和文本节点,属性节点
        //"雪梨"就是创建的属性节点
$("ul").append( $li_1);
        //添加到 <ul >节点中,使之能在网页中显示
$("ul").append( $li_2);
```

运行代码后,效果如图 5.10 所示。

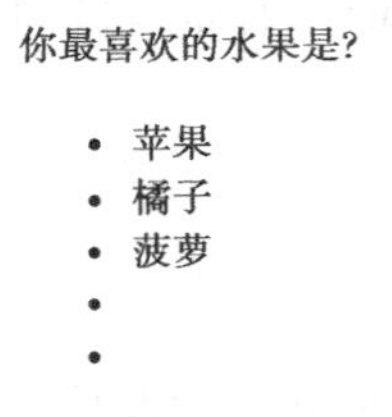

你最喜欢的水果是?

- 苹果
- 橘子
- 菠萝
-
-

图 5.8　创建元素节点

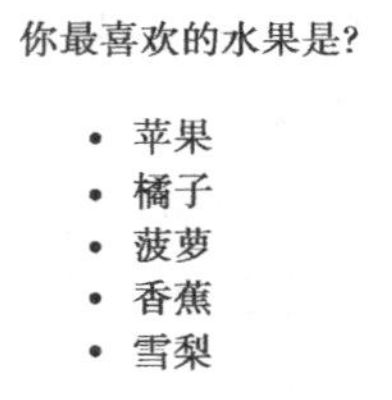

你最喜欢的水果是?

- 苹果
- 橘子
- 菠萝
- 香蕉
- 雪梨

图 5.9　创建文本节点

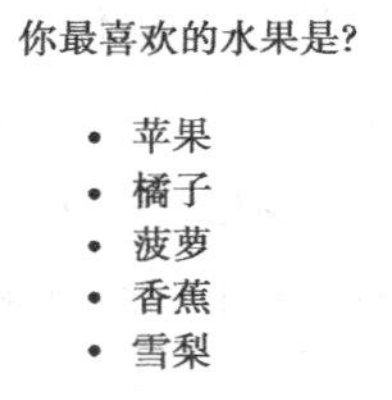

你最喜欢的水果是?

- 苹果
- 橘子
- 菠萝
- 香蕉
- 雪梨

图 5.10　创建属性节点

由此可见用 JQuery 来动态创建 HTML 元素是非常简单、方便和灵活的。

(2)插入节点

动态创建 HTML 元素并没有实际用处,还需要将新创建的元素插入文档中。而将新创建的节点插入文档最简单的办法是让它成为这个文档某个节点的子节点。前面使用了一个插入节点的方法 append( ),它会在元素内部追加新创建的内容。

将新创建的节点插入某个文档的方法并非只有一种,JQuery 提供了其他几种插入节点的方法,见表 5.13。读者可以根据实际需求灵活选择。

表 5.13　插入节点的方法

方　法	描　述
Append( )	向每个匹配的元素内部追加内容
appendTo( )	将所有匹配的元素追加到指定的元素中。实际上,使用该方法是颠倒了常规的 $(A).append(B)的操作,即不是将 B 追加到 A 中,而是将 A 追加到 B 中
Prepend( )	向每个匹配的元素内部前置内容
PrependTo( )	将所有匹配的元素前置到指定的元素中。实际上,使用该方法是颠倒了常规的 $(A).prepend(B)的操作,即不是将 B 前置到 A 中,而是将 A 前置到 B 中
after( )	在每个匹配的元素之后插入内容
insertAfter( )	将所有匹配的元素插入指定的元素中。实际上,使用该方法是颠倒了常规的 $(A).after(B)的操作,即不是将 B 插入 A 中,而是将 A 插入 B 中
before( )	在每个匹配的元素之前插入内容
insertBefore( )	将所有匹配的元素插入指定的元素中。实际上,使用该方法是颠倒了常规 $(A).before(B)的操作,即不是将 B 插入 A 中,而是将 A 插入 B 中

这些插入节点的方法不仅能将新创建的 DOM 元素插入文档中,也能对原有的 DOM 元素进行移动。例如利用它们创建新元素并对其进行插入操作,代码如下:

```
var $li_1 = $("<li title='香蕉'>香蕉</li>");  //创建第 1 个<li>元素
var $li_2 = $("<li title='雪梨'>雪梨</li>");  //创建第 2 个<li>元素
var $li_3 = $("<li title='其他'>其他</li>");  //创建第 3 个<li>元素
var $parent = $("ul");                        //获取<ul>节点,即<li>的父节点
var $two_li = $("ul li:eq(1)");               //获取<ul>节点中第二个<li>元素节点
$parent.append($li_1);      //append 方法将创建的第一个<li>元素添加到父元素的最
后面
$parent.prepend($li_2);     //prepend 方法将创建的第二个<li>元素添加到父元素里的最
                              前面
$li_3.insertAfter($two_li); //insertAfter 方法将创建的第三个<li>元素元素插入到获取的
                              <li>之后
```

运行代码后,网页呈现效果如图 5.11 所示。

(3)删除节点

如果文档中某一个元素多余,那么应将其删除。JQuery 提供了两种删除节点的方法,即 remove( )和 empty( )。

1)remove( )方法

该方法的作用是从 DOM 中删除所有匹配的元素,传入的参数用于根据 JQuery 表达式来筛选元素。

例如删除图 5.8 中 <ul> 节点中的第二个 <li> 元素节点,代码如下:

```
$("ul li:eq(1)").remove();//获取第二个<li>元素节点后,将它从网页中删除。
```

运行代码后,效果如图 5.12 所示。

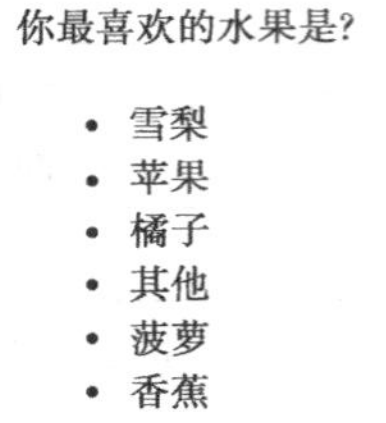

你最喜欢的水果是?

- 雪梨
- 苹果
- 橘子
- 其他
- 菠萝
- 香蕉

图 5.11　插入节点

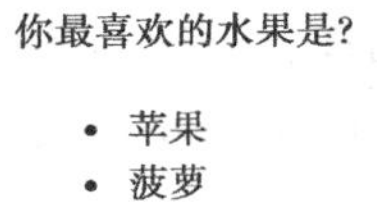

你最喜欢的水果是?

- 苹果
- 菠萝

图 5.12　删除节点

当某个节点用 remove( )方法删除后,该节点所包含的所有后代节点将同时被删除。这个方法的返回值是一个指向已被删除的节点的应用。下面的代码说明元素用 remove( )方法删除后,还是可以继续使用的:

```
var $li = $("ul li:eq(1)").remove();   //获取第二个<li>元素节点后,将它从网页中
                                        删除
$li.appendTo("ul");                     //把刚才删除的又重新添加到<ul>元素里
```

可以直接使用 appendTo( )方法的特性来简化以上代码,代码如下:

```
$("ul li:eq(1)").appendTo("ul");
    //appendTo()方法也可以用来移动元素
    //移动元素是首先从文档上删除此元素,然后将该元素插入到文档中的指定节点
```

另外,remove( )方法也可以通过传递参数来选择性地删除元素,代码如下:

```
$("ul li").remove("li[title! =菠萝]");//将<li>元素中的属性 title 不等于"菠萝"的
<li>元素删除
```

运行代码后,效果如图 5.13 所示。

2)empty( )方法

严格来讲,empty( )方法并不是删除节点,而是清空节点,它能清空元素中的所有后代节点。

```
$("ul li:eq(1)").empty();//获取第 2 个元素节点后;清空此元素里的内容,注意是元素里
```

当运行代码后,第 2 个 <li> 元素的内容被清空了,只剩下 <li> 标签的默认的符号"·",效果如图 5.14 所示。

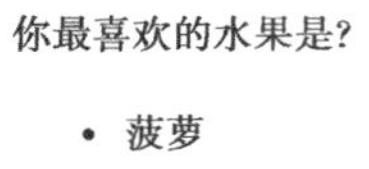

你最喜欢的水果是?

- 菠萝

图 5.13　有选择性地删除文件

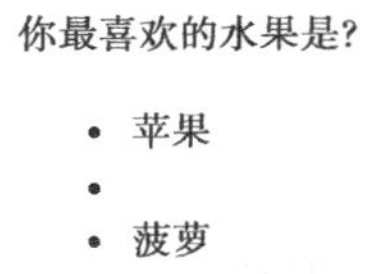

你最喜欢的水果是?

- 苹果
-
- 菠萝

图 5.14　清空元素

(4)复制节点

复制节点也是常用的 DOM 操作之一。继续沿用之前的例子,如果单击 <li> 元素后需要

再复制一个<li>元素，可以使用clone()方法来完成，代码如下：

```
$("ul li").click(function(){
    $(this).clone().appendTo("ul");//复制当前点击的节点，并将它追加到<ul>元素
});
```

在页面中单击“橘子”后，列表最下方出现新节点“橘子”，效果如图5.15所示。

复制节点后，被复制的新元素并不具有任何行为。如果需要新元素也具有复制功能（本例中是单击事件），可以使用如下代码：

```
$(this).clone(true).appendTo("body");//注意参数 true
```

在clone()方法中传递了一个参数true，它的含义是在复制元素的同时复制元素所绑定的事件。因此，该元素的副本也同样具有复制功能（本例中是单击事件）。

(5)替换节点

如果要替换某个节点，JQuery提供了相应的方法，即replaceWith()和replaceAll()。

ReplaceWith()方法的作用是将所有匹配的元素都替换成指定的HTML或者DOM元素。

例如要将网页中“<p title="选择你最喜欢的水果">你最喜欢的水果是？</p>”替换成“<strong>你最不喜欢的水果是？</strong>”，可以使用如下代码：

```
$("p").replaceWith("<strong>你最不喜欢的水果是？</strong>");
```

也可以使用JQuery中另一个方法replaceAll()来实现。该方法与replaceWith()方法的作用相同，只是颠倒了replaceWith()操作，可以使用如下代码实现同样的功能：

```
$("<strong>你最不喜欢的水果是？</strong>").replaceAll("p");
```

这两句JQuery代码都会实现如图5.16所示的效果。

你最喜欢的水果是?

- 苹果
- 橘子
- 菠萝
- 橘子

图5.15　复制节点

你最不喜欢的水果是?

- 苹果
- 橘子
- 菠萝

图5.16　替换节点

在替换之前，如果已经为元素绑定事件，替换后原先绑定的事件将会与被替换的元素一起消失，需要在新元素上重新绑定事件。

(6)包裹节点

如果要将某个节点用其他标记包裹起来，JQuery提供了相应的方法，即wrap()。该方法对于需要在文档中插入额外的结构化标记非常有用，而且不会破坏原始文档的语义。

代码如下：

```
$("strong").wrap("<b></b>");//用<b>元素把<strong>元素包裹起来
```

得到的结果如下：

```
<b><strong title="选择你最喜欢的水果。">你最喜欢的水果是？</strong></b>
```

包裹节点操作还有其他两个方法，即 wrapAll( )和 wrapInner( )。

1) wrapAll( )方法

该方法会将所有匹配的元素用一个元素来包裹，它不同于 wrap( )方法，wrap( )方法是将所有的元素进行单独包裹。

为了使效果更突出，在网页中再加入一个 <strong> 元素。HTML 代码如下：

```
<strong title = "选择你最喜欢的水果. " >你最喜欢的水果是? </strong>
<strong title = "选择你最喜欢的水果. " >你最喜欢的水果是? </strong>
<ul>
  <li title = '苹果'>苹果 </li>
  <li title = '橘子'>橘子 </li>
  <li title = '菠萝'>菠萝 </li>
</ul>
```

如果使用 wrap( )方法包裹 <strong> 元素，JQuery 代码如下：

```
$("strong").wrap("<b></b>");
```

将会得到如下结果：

```
<b><strong title = "选择你最喜欢的水果. " >你最喜欢的水果是? </strong></b>
<b><strong title = "选择你最喜欢的水果. " >你最喜欢的水果是? </strong></b>
```

使用 wrapAll( )方法包裹 <strong> 元素，JQuery 代码如下：

```
$("strong").wrapAll("<b></b>");
```

则会得到如下结果：

```
<b>
<strong title = "选择你最喜欢的水果. " >你最喜欢的水果是? </strong>
<strong title = "选择你最喜欢的水果. " >你最喜欢的水果是? </strong>
</b>
```

2) wrapInner( )方法

该方法将每一个匹配的元素的子内容(包括文本节点)用其他结构化的标记包裹起来。

例如可以使用它来包裹 <strong> 标签的子内容，JQuery 内容如下：

```
$("strong").wrapInner("<b></b>");
```

运行代码后，发现 <strong> 标签内的内容被一对 <b> 标签包裹了，结果如下：

```
<strong title = "选择你最喜欢的水果。" ><b>你最喜欢的水果是? </b></strong>
```

5.3.2 元素属性操作

在 JQuery 中，可以对元素的属性执行获取、设置、删除的操作，通过 attr( )方法可以对元素属性执行获取和设置操作，而 removeAttr( )方法则可以轻松删除某一指定的属性。

(1)**获取元素的属性**

获取元素属性的语法格式如下:

```
attr(name)
```

其中,参数 name 表示属性的名称。下面的代码通过调用 attr()方法,以元素属性名称为参数的方式来获取元素的属性:

```
<!doctype html>
<html lang="en">
<head>
    <meta charset="UTF-8" />
    <title>attr()案例</title>
    <script src="jquery.js"></script>
    <style type="text/css">
        body{
            font-size: 12px;
        }
        div{
            float: left;
            padding-left: 10px;
        }
        img{
            border: solid 1px #ccc;
            padding: 3px;
            float: left;
        }
    </style>
    <script>
        $(function(){
            var strAlt = $("img").attr("src");   //属性值 1
            strAlt += "<br /><br />" +
             $("img").attr("title");   //属性值 2
             $("#divAlt").html(strAlt);   //显示在页面中
        })
    </script>
</head>
<body>
        <img src="1.jpg" title="这是一幅风景画" />
        <div id="divAlt"></div>
</body>
</html>
```

页面执行后的效果如图 5.17 所示。

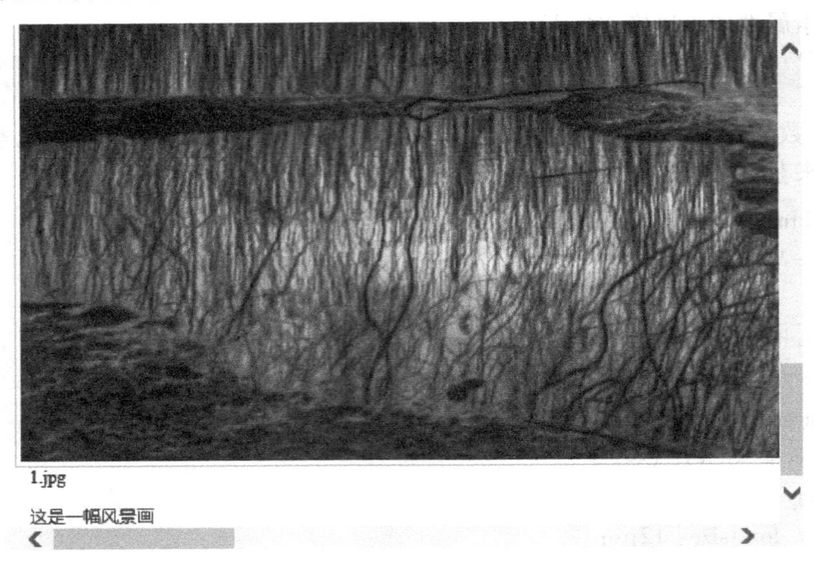

图 5.17　执行效果

(2)设置元素的属性

在页面中,attr()方法不仅可以获取元素的属性值,还可以设置元素的属性,其设置属性语法格式如下:

```
attr(key, value)
```

其中,参数 key 表示属性的名称,value 表示属性的值。如果要设置多个属性,也可以通过 attr()方法实现,其语法格式如下:

```
attr({key 0:value 0, key1: value1})
```

(3)删除元素的属性

JQuery 中通过 attr()方法设置元素的属性后,使用 removeAttr()方法可以将元素的属性删除,其使用的语法格式为:

```
removeAttr(name)
```

其中,参数 name 为元素属性的名称。

例如,也可以通过如下的代码删除标记 <img> 中的 src 属性:

```
$("img").removeAttr("src");
```

5.3.3　元素内容操作

在 JQuery 中,操作元素内容的方法包括 html()和 text()。前者与 JavaScript 中的 innerHTML 属性类似,即获取或设置元素的 HTML 内容;后者类似于 JavaScript 中的 innerText 属性,即获取或设置元素的广文本内容。二者的格式与功能的区别见表 5.14。

表 5.14　操作元素内容的方法

语法格式	参数说明	功能描述
Html( )	无参数	用于获取元素的 HTML 内容
Html(val)	val 参数为元素的 HTML 内容	用于设置元素的 HTML 内容
Text( )	无参数	用于获取元素的文本内容
Text(val)	val 参数为元素的文本内容	用于设置元素的文本内容

5.3.4　获取或设置元素值

在 JQuery 中,如果要获取元素的值,是通过 val( ) 方法来实现的,其语法格式如下所示:

```
val( val)
```

其中,如果不带参数 val,则是某元素的值;反之,则是将参数 val 的值赋给某元素,即设置元素的值。该方法常用于表单中获取或设置对象的值。

另外,通过 val( ) 方法还可以获取 select 标记中的多个选项值,其语法格式如下所示:

```
val( ). join( "," )
```

5.3.5　遍历节点

(1) children( ) **方法**

该方法用于取得匹配元素的子元素集合。

此处使用本章开头所画的那棵 DOM 树的结构,如图 5.18 所示。

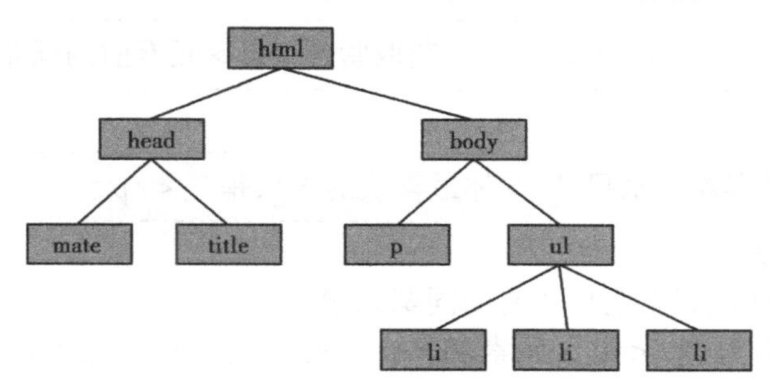

图 5.18　DOM 树

根据 DOM 树的结构,可以知道各个元素之间的关系以及它们之间子节点的个数。<body>元素下有 <p> 和 <ul> 两个子元素, <p> 元素没有子元素, <ul> 元素有 3 个 <li> 子元素。

下面使用 children( ) 方法来获取匹配元素的所有子元素的个数。

JQuery 代码如下:

```
var $body = $( "body" ). children( ) ;
    var $p = $( "p" ). children( ) ;
    var $ul = $( "ul" ). children( ) ;
```

```
    alert($body.length);        // <body>元素下有 2 个子元素
    alert($p.length);           // <p>元素下有 0 个子元素
    alert($ul.length);          // <p>元素下有 3 个子元素
    for(var i=0;i<$ul.length;i++){
        alert($ul[i].innerHTML);
    }
```

注意:children()方法只考虑子元素而不考虑任何的后代元素。

(2)next()**方法**

该方法用于取得匹配元素后面紧邻的同辈元素。

从 DOM 树的结构可以知道<p>元素的下一个同辈节点是<ul>,因此可以通过 next()方法类获取<ul>元素,代码如下:

```
var  $p1  =  $("p").next();      //获取紧邻<p>元素后的同辈元素
```

得到的结果将是:

```
<ul>
        <li title='苹果'>苹果</li>
        <li title='橘子'>橘子</li>
        <li title='菠萝'>菠萝</li>
</ul>
```

(3)prev()**方法**

该方法用于取得匹配元素前面紧邻的同辈元素。

从 DOM 树的结构可以知道<ul>元素的上一个同辈节点是<p>,因此可以通过 prev()方法获取<p>元素,代码如下:

```
var  $ul  =  $("ul").prev();      //获取紧邻<ul>元素前的同辈元素
```

得到的结果将是:

```
<p title="选择你最喜欢的水果." >你最喜欢的水果是? </p>
```

(4)siblings()**方法**

该方法用于取得匹配元素前后所有的同辈元素。

以 DOM 树的结构为例,<ul>元素和<p>元素互为同辈元素,<ul>元素下的 3 个<li>元素也互为同辈元素。

如果要获取<p>元素的同辈元素,则可以使用如下的代码:

```
var  $p2 = $("p").siblings();//获取紧邻<p>元素的同辈元素
```

得到的结果将是:

```
<ul>
        <li title='苹果'>苹果</li>
        <li title='橘子'>橘子</li>
        <li title='菠萝'>菠萝</li>
</ul>
```

(5) closest() 方法

该方法用来获取最近的匹配元素。首先检查当前元素是否匹配，如果匹配，则直接返回元素本身；如果不匹配，则向上查找父元素，逐级向上直到找到匹配选择器的元素。如果什么都没找到则返回一个空的 JQuery 对象。

比如，给目标元素最近的 li 元素添加色彩可以使用如下代码：

```
$(document).bind("click", function (e) {
        $(e.target).closest("li").css("color","red");
   })
```

除此之外，在 JQuery 中还有很多遍历节点的方法，例如 find()，filter()，nextAll()，prevAll()，parent()等。此处不再说明，读者可以查看附录的 JQuery 速查表文档。值得注意的是，这些遍历 DOM 方法有一个共同的特点，都可以使用 JQuery 表达式作为它们的参数来筛选元素。

5.3.6　元素样式操作

在页面中，元素样式的操作包含：直接设置样式、增加 CSS 类别、类别切换删除类别。

在 JQuery 中，可以通过 css() 方法某个指定的元素设置样式值，其语法格式如下所示：

```
css(name,value)
```

其中，name 为样式名称，value 为样式的值。

5.3.7　DOM 节点操作实例

以下实例用于制作图片的提示效果，浏览器已经自带了超链接提示，只需在超链接中加入 title 属性即可。

HTML 代码如下：

```
<a href="#" title="这是我的超链接提示 1." >提示</a>
```

此时需要移除 <a> 标签中的 title 提示效果，自己动手做一个类似功能的提示。首先在空白的页面上，添加两个普通超链接和两个带有 class 的超链接。HTML 代码如下：

```
<p><a href="#" class="tooltip" title="这是我的超链接提示 1." >提示 1.</a></p>
<p><a href="#" class="tooltip" title="这是我的超链接提示 2." >提示 2.</a></p>
<p><a href="#" title="这是自带提示 1." >自带提示 1.</a></p>
<p><a href="#" title="这是自带提示 2." >自带提示 2.</a></p>
```

然后为 class 和 tooltip 的超链接添加 mouseover 和 mouseout 事件，JQuery 代码如下：

```
$("a.tooltip").mouseover(function(){
        //显示 title
}).mouseout(function(){
        //隐藏 title
   });
```

实现这个效果的具体思路如下：

(1)当鼠标滑入超链接

①创建一个 <div>元素，<div>元素的内容为 title 属性的值。

②将创建的元素追加到文档中。

③为它设置 x 坐标和 y 坐标，使它显示在鼠标位置的旁边。

(2)当鼠标滑出超链接

鼠标滑出超链接时，移除 <div>元素。

根据分析的思路，写出如下 JQuery 代码：

```
$(function(){
    $("a.tooltip").mouseover(function(e){
var tooltip = "<div id='tooltip'>" + this.myTitle +" <'div>"; //创建 div 元素
        $("body").append(tooltip);                              //把它追加到文档中
        $("#tooltip")  .css({
                "top": (e.pageY) +"px",
                "left": (e.pageX) +"px"
            }).show("fast");                                    //设置 x 坐标和 y 坐标，并且
                                                                  显示
    }).mouseout(function(){
$("#tooltip").remove();                                         //移除
    });
});
```

运行效果如图 5.19 所示。

提示1.
这是我的超链接提示1.
这是我的超链接提示1.
自带提示1.
自带提示2.

图 5.19　超链接提示

此时有两个问题：首先是当鼠标滑过后，<a>标签的 title 属性的提示也会出现；其次是设置 x 坐标和 y 坐标的问题，由于自制的提示与鼠标距离太近，有时会引起无法提示的问题（鼠标焦点变化引起 mouseout 事件）。

为了移除 <a>标签的 title 提示功能，需要进行以下的几个步骤：

①当鼠标滑入时，给对象添加一个新属性，并把 tilte 的值传给这个属性，然后清空属性 title 的值。JQuery 代码如下：

```
This.myTitle = this.title;
this.title = "";
var tooltip = " <div id = 'tooltip'>" +this.myTitle +" </div>"; //创建<div>元素
```

②当鼠标滑出时，再把对象的 myTitle 属性的值赋给 title。JQuery 代码如下：

```
    this.title = this.myTitle;
```

为了解决第二个问题，需要重新设置提示元素的 top 和 left 的值，代码如下所示，为 top 增加了 10 px，为 left 增加了 20 px：

```
var x = 10;
var y = 20;
$("#tooltip").css({
        "top":(e.pageY + y) + "px";
        "left":(e.pageX + x) + "px";
})
```

解决了这个问题后，完整的代码如下：

```
$(function(){
      var x = 10;
      var y = 20;
      $("a.tooltip").mouseover(function(e){
      this.myTitle = this.title;
      this.title = " ";
var tooltip = " <div id = 'tooltip'> " + this.myTitle + " </div> "; //创建 div 元素
         $("body").append(tooltip);          //将它追加到文档中
$("#tooltip")    .css({
         "top":(e.pageY + y) + "px",
         "lefe":(e.pageX + x) + "px";
}).show("fast");   设置 x 坐标和 y 坐标并且显示
}).mouseout(function(){
      this.title = this.myTitle;
      $("#tooltip").remove();   //移除
});
})
```

此时，鼠标滑入和滑出显示已经没问题了，但鼠标在超链接上移动时，提示效果并不会跟着鼠标移动。如果需要提示效果跟着鼠标移动，可以为超链接加一个 mousemove 事件，JQuery 代码如下：

```
$("a.tooltip").mousemove(function(e){
                  $("#tooltip").css({
            "top":(e.pageY + y) + "px",
            "lefe":(e.pageX + x) + "px";
});
});
```

这样，当鼠标在超链接上移动时，提示效果也会跟着移动，如图 5.20 所示。

到此，超链接提示效果就完成了。完整的 JQuery 代码如下：

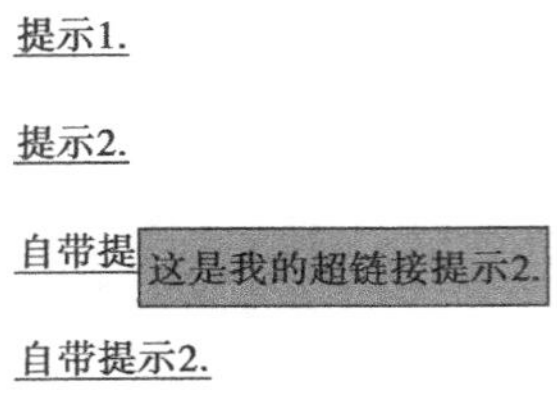

提示1.

提示2.

自带提 这是我的超链接提示2.

自带提示2.

图 5.20　提示效果

```
    $(function(){
        var x = 10;
        var y = 20;
        $("a.tooltip").mousemove(function(e){
        this.myTitle = this.title;
        this.title = "";
var tooltip = "<div id='tooltip'>" + this.myTitle + "</div>"; //创建 div 元素
$("body").append(tooltip);        //将它追加到文档中
$("#tooltip")   .css({
        "top":(e.pageY + y) + "px",
        "left":(e.pageX + x) + "px";
}).show("fast");  设置 x 坐标和 y 坐标并且显示
}).mouseout(function(){
            this.title = this.myTitle;
            $("#tooltip").remove(); //移除
        }).mousemove(function(e){
            $("#tooltip")   .css({
        "top":(e.pageY + y) + "px",
        "lefe":(e.pageX + x) + "px";
            });
});
});
```

5.4　事件与动画

JavaScript 和 HTML 之间的交互是通过用户和浏览器操作页面时引发的事件来处理的。当文档或者它的某些元素发生某些变化或操作时,浏览器会自动生成一个事件。例如当浏览器装载完一个文档后,会生成事件;当用户单击某个按钮时,也会生成事件。虽然利用传统的 JavaScript 事件能完成这些交互,但 JQuery 增加并扩展了基本的事件处理机制。JQuery 不仅提供了更加优雅的事件处理语法,而且极大地增强了事件处理能力。

当用户浏览页面时,浏览器会对页面代码进行解释或编译。这个过程实质上是通过事件来驱动的,即页面在加载时,执行一个 load 事件,在这个事件中实现浏览器编译页面代码的过程。事件无论在页面元素本身还是在元素与人机交互中都占有十分重要的地位。

5.4.1　事件机制

众所周知,页面在加载时,会触发 load 事件。当用户单击某个按钮时,触发该按钮的 click 事件,通过种种事件实现各项功能或执行某项操作。事件在元素对象与功能代码中起着重要的桥梁作用。那么,事件被触发后是如何执行代码的呢?

严格来说,事件在触发后被分为两个阶段,一个是捕获(Capture),另一个则是冒泡(Bubbling)。但有些遗憾的是,大多数浏览器并不是都支持捕获阶段,JQuery 也不支持。因此在事件触发后,往往执行冒泡过程,其实质就是事件执行中的顺序。

5.4.2　页面载入事件

在 JQuery 的页面载入事件 ready()方法。该方法类似于传统 JavaScript 中的 OnLoad()方法,只不过在事件执行时间上有区别:OnLoad()方法的执行必须是页面中的全部元素完全加载到浏览器后才触发。在这种情况下,如果页面中的图片过多或图片过大,那么有可能要等 OnLoad()方法执行完毕,用户才能进行其他的操作。如果使用 JQuery 中的 ready()方法加载页面,则只要页面的 DOM 模型加载完毕,就会触发 ready()方法。因此,两者在事件的执行效果上,ready()方法明显优于 JavaScript 中的 OnLoad()方法。

JQuery 中 ready()方法的工作原理:在 JQuery 脚本加载到页面时,会设置一个 isReady 的标记,用于监听页面加载的进度。当遇到执行 ready()方法时,先查看 isReady 值是否被设置,如果未被设置,那么就说明页面并未加载完成,在此情况下,将未完成的部分用一个数组缓存起来,当全部加载完成后,再将未完成的部分通过缓存一一执行。

以下几种代码,其执行的效果是相同的。

写法一:

```
$(document).ready(function(){
})
```

写法二:

```
$(function(){
})
```

写法三:

```
jQuery(document).ready(function(){
})
```

写法四:

```
jQuery(function(){
})
```

其中写法二简洁明了,使用较为广泛。

5.4.3 绑定事件

在文档装载完成后,如果打算为元素绑定事件完成某些操作,则可以使用 bind( )方法来对匹配元素进行特定事件的绑定。bind( )方法的调用格式如下:

```
bind(type,[data],fn);
```

bind( )方法有 3 个参数,说明如下:

type:含有一个或多个事件类型的字符串,由空格分隔多个事件,比如"click"或"submit",还可以是自定义事件名。类型包括:blur,focus,load,resize,scroll,unload,click,dblclick,mousedown,mouseup,mousemove,mouseover,mouseout,mouseenter,mouseleave,change,select,submit,keydown,keypress,keyup 和 error 等,当然用户也可以自定义名称。

data:作为 event.data 属性值传递给事件对象的额外数据对象。

fn:绑定到每个匹配元素的事件上面的处理函数。

可以发现,JQuery 中的事件绑定类型比普通的 JavaScript 事件绑定类型少了"on"。例如鼠标单击事件在 JQuery 中对应的是 click( )方法,而在 JavaScript 中对应的是 onclick( )。

5.4.4 hover( )方法

调用 JQuery 中的 hover( )方法可以使元素在鼠标悬停与鼠标移出的事件中进行切换。该方法在实现运用中,也可以通过 JQuery 中的事件 mouveenter 与 mouseleave 进行替换。下列代码是等价的。

代码一:

```
$("a").hover(function(){
    //执行代码一
        },function(){
    //执行代码二
        })
```

代码二:

```
$("a").mouseenter(function(){
    //执行代码一
})
$("a").mouseleave(function(){
    //执行代码二
})
```

hover( )功能是当鼠标移动到所选的元素上面时,执行指定的第一个函数;当鼠标移出这个元素时,执行指定的第二个函数,其语法格式如下:

```
hover([over,]out)
```

这是一个自定义的方法,它为频繁使用的任务提供了一种"保持在其中"的状态。

当鼠标移动到一个匹配的元素上面时，会触发指定的第一个函数。当鼠标移出这个元素时，会触发指定的第二个函数。而且，会伴随着对鼠标是否仍然处在特定元素中的检测（例如处在 div 中的图像），如果是，则会继续保持“悬停”状态，而不触发移出事件（修正了使用 mouseout 事件的一个常见错误）。

5.4.5　toggle( )方法

在 toggle( )方法中，可以依次调用 N 个指定的函数，直到最后一个函数，然后重复对这些函数轮番调用。

toggle( )方法的功能是每次单击后依次调用函数，请注意“依次”这两个字，说明该方法在调用函数时并非随机或指定调用，而是通过函数设置的前后顺序进行调用，其调用的语法格式如下：

```
fn,fn2,[fn3,fn4,…]
```

其中，参数 fn，fn2，…，为单击时被依次调用的函数。

5.4.6　事件对象的属性

JQuery 在循环 W3C 规范的情况下，对事件对象的常用属性进行了封装，使得事件处理在各大浏览器下都可以正常运行而不需要进行浏览器类型判断。

(1) event. type( )方法

该方法的作用是可以获取到事件的类型。

```
$("a").click(function(event){
    alert(event.type);              //获取事件类型
    return false;                   //阻止链接跳转
});
```

以上代码运行后会返回："click"。

(2) event. preventDefaul( )方法

该方法的作用是阻止默认的事件行为。JavaScript 中符合 W3C 规范的 preventDefaul( )方法在 IE 浏览器中却无效。JQuery 对其进行了封装，使之能兼容各种浏览器。

(3) event. stopPagation( )方法

该方法的作用是阻止事件的冒泡。JavaScript 中符合 W3C 规范的 stoppagation( )方法在 IE 浏览器中却无效。JQuery 对其进行了封装，使之能兼容各种浏览器。

(4) event. target( )方法

event. target( )方法的作用是获取触发事件的元素。JQuery 对其封装后，避免了 W3C、IE 和 safari 浏览器不同标准的差异。

```
$("a[href=http://google.com]").click(function(event){
    alert(event.target.href);       //获取触发事件的<a>元素的href属性值
    return false;                   //阻止链接跳转
        });
})
```

以上代码运行后会返回:"http://google.com"。

(5)event.relatedTarget()**方法**

在标准 DOM 中,mouseover 和 mouseout 所发生的元素可以通过 event.taget()方法来访问,相关元素是通过 event.relatedTarget()方法访问的。event.relatedTarget()方法在 mouseover 中相当于 IE 浏览器的 event.fromElement()方法,在 mouseout 中相当于 IE 浏览器的 event.toElement 方法,JQuery 对其进行了封装,使之能兼容各种浏览器。

(6)event.pageX() **方法**/event.pageY()**方法**

该方法的作用是获得光标相对于页面的 x 坐标和 y 坐标。如果没有使用 JQuery 时,那么 IE 浏览器中是用 event.x()/event.y()方法,而在 Firefox 浏览器中是用 event.pageX()/event.pageY()方法。如果页面上有滚动条,则还要加上滚动条的高度或宽度。在 IE 浏览器中还应该减去默认的 2 px 边框。

```
$("a").click(function(event) {
        alert("Current mouse position: " + event.pageX + ", " + event.pageY); //获取鼠标当前相对于页面的坐标
        return false;                          //阻止链接跳转
});
```

(7)event.which()**方法**

该方法的作用是在鼠标点击事件中获取鼠标的左、中、右键;在键盘事件中获取键盘的按键。

```
$(function() {
    $("body").mousedown(function (e) {
        alert(e.which)                    //1 = 鼠标左键 left;2 = 鼠标中键;3 = 鼠标右键
    })
})
```

以上代码加载到页面后,用鼠标单击页面时,单击左、中、右键分别返回 1、2、3。

(8)event.metaKey()**方法**

针对不同浏览器对键盘中 <ctrl> 按键解释不同,JQuery 也进行了封装,并规定 event.metaKey()方法为键盘事件中获取 <ctrl> 按键。

(9)event.originaEvent()**方法**

该方法作用是指向原始的事件对象。

5.4.7 移除事件

在 DOM 对象的实践操作中,既然存在用于绑定事件的 bind 方法,也相应存在用于移除绑定事件的方法。在 JQuery 中,可以通过 unbind()方法移除绑定的所有事件或指定某一个事件。

unbind()的功能是移除元素绑定的事件,其调用的语法格式如下:

```
unbind(type,[data|fn]])
```

其中,参数 type 为事件类型,fn 为需要移除的事件处理函数。如果该方法没有参数,则移除所有绑定的事件;如果带有参数 type,则移除该参数指定的事件类型;如果带有参数 fn,则只移除绑定时指定的函数 fn。

5.4.8　JQuery 动画

动画效果也是 JQuery 库吸引人的地方。通过 JQuery 的动画方法,能够轻松地为网页添加非常精彩的视觉效果,给用户一个全新的体验。

(1) show() 方法和 hide() 方法

show()方法和 hide()方法是 JQuery 中最基本的动画方法。在 HTML 文档里,为一个元素调用 hide()方法,会将该元素的 display 样式改为"none"。

例如,使用如下代码隐藏 element 元素:

```
$("element").hide();                          //通过 hide()方法隐藏元素
```

这段代码的功能与用 css()方法设置 display 属性效果相同:

```
$("element").css("display","none");   //通过 css()方法隐藏元素
```

当把元素隐藏后,可以使用 show()方法将元素 display 样式设置为显示状态("block"或"inline"或其他除了"none"之外的值)。

JQuery 代码如下:

```
$("element").show();
```

(2) fadeIn() 方法和 fadeOut() 方法

与 show()方法不相同的是,fadeIn()和 fadeOut 方法只改变元素的不透明度。fadeOut()方法会在指定的一段时间内降低元素的不透明度,直到元素完全消失("display:none")。fadeIn()方法则相反。

(3) slideUp() 方法和 slideDown() 方法

slideUp()方法和 slideDown()方法只会改变元素的高度。如果一个元素的 display 属性值为"none",当调用 slideDown()方法时,这个元素将由上至下延伸显示。slideUp 正好相反,元素将由下到上缩短隐藏使用 slideUp()方法和 slideDown()方法,再次对"内容"的显示和隐藏方式进行改变。

(4) 自定义动画

在 JQuery 中,也允许用户自定义动画效果,通过使用 animate()方法,可以制作出效果更优雅、动作更复杂的页面动画效果。

很多情况下,这些方法无法满足用户的各种需求,那么就需要对动画有更好的控制,需要采取一些高级的自定义动画来解决这些问题。在 JQuery 中,可以使用 animate()方法来自定义动画。其语法结构为:

```
animate(params,[speed],[easing],[fn])
```

- params:一组包含作为动画属性和终值的样式属性及其值的集合。

- speed:三种预定速度之一的字符串("slow""normal""fast")或表示动画时长的毫秒数值(如:1 000)。
- easing:要使用的擦除效果的名称(需要插件支持)。JQuery 默认提供"linear"和"swing"。
- fn:在动画完成时执行的函数,每个元素执行一次。举例说明:

```
<!doctype html>
<html lang="en">
<head>
    <meta charset="UTF-8" />
    <title>简单动画</title>
    <script src="jquery.js"></script>
    <script type="text/javascript">
        $(function(){
            $(".divFrame").click(function(){
                $(this).animate({
                    width: "20%",
                    height: "70px"
                },300,function(){
                    $(this).css({
                        "border":"solid 3px #666"
                    }).html("变大了!");
                })
            })
        })
    </script>
</head>
<body>
    <div class="divFrame">
        点击变大
    </div>
</body>
</html>
```

当用户没有点击时,页面显示如图 5.21 所示。

当用户点击时,页面显示如图 5.22 所示。

在动画方法 animate()中,第一个参数 params 在表示动画属性时,需要采用"骆驼"写法,即如果是"font-size",必须写成"fontSize"才有效,否则报错。

图 5.21　页面显示效果

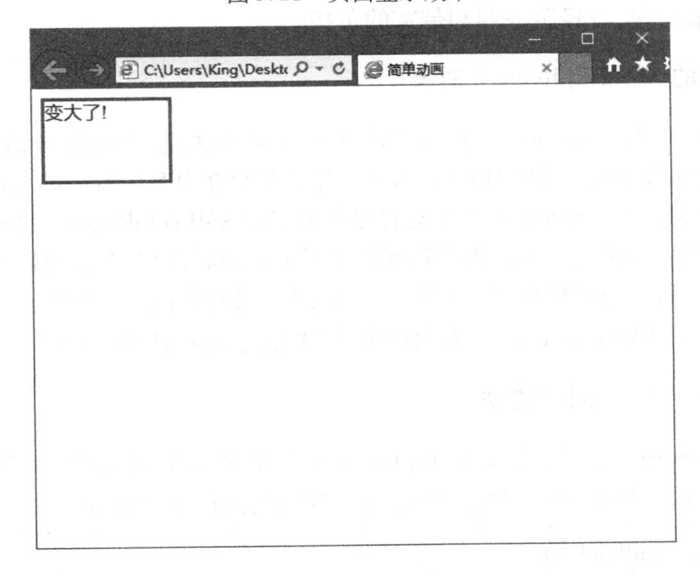

图 5.22　页面显示效果

5.5　JQuery Ajax 编程

Ajax 即 Asynchronous JavaScript and XML 的缩写，其核心是通过 XMLHttpRequest 对象，以一种异步的方式，向服务器发送数据请求，并通过该对象接收请求返回的数据，从而完成人机交互的数据操作。这种利用 Ajax 技术进行的数据交互并不局限于 Web 动态页面，在普通的静态 HTML 页面中同样可以实现。因此，在这样的背景下，Ajax 技术在页面开发中得以广泛使用。在 JQuery 中，同样有大量的函数与方法为 Ajax 技术提供支持。

5.5.1 Ajax 的优势

(1)不需要插件支持

Ajax 不需要任何浏览器插件,就可以被绝大多数主流浏览器所支持,用户只需要允许 JavaScript 在浏览器上执行即可。

(2)优秀的用户体验

这是 Ajax 技术的最大优点,能在不刷新整个页面的前提下更新数据,这使得 Web 应用程序更为迅速地回应用户的操作。

(3)提高 Web 程序的性能

与传统模式相比,Ajax 模式在性能上的最大区别就在于传输数据的方式。在传统模式中,数据提交是通过表单来实现的,而数据获取是靠页面刷新来重新获取整页内容。Ajax 模式是通过 XMLHttpRequest 对象向服务器端提交数据,即按需求发送。

(4)减轻服务器和带宽的负担

Ajax 的工作原理相当于在用户和服务器之间加了一个中间层,使用户操作与服务器响应异步化。它在客户端创建 Ajax 引擎,把传统方式下的一些服务器负担的工作转移到客户端,便于客户端资源来处理,减轻服务器和带宽的负担。

5.5.2 Ajax 的 XMLHttpRequest 对象

Ajax 的核心是 XMLHttpRequest 对象,它是 Ajax 实现的关键,发送异步请求、接收响应及执行回调都是通过它来完成的。XMLHttpRequest 对象是最早在 IE5.0 ActiveX 组件中被引用的,之后各大浏览器厂商都以 JavaScript 内置对象的方式来实现 XMLHttpRequest 对象。虽然大家对它的实现方式有所区别,但是绝大多数浏览器都提供了类似的属性和方法,而且在实际脚本编写方法上的区别也不大,得到的效果也基本相同。目前,W3C 组织正致力于制定一个各浏览器厂商可以统一遵照执行的 XMLHttpRequest 对象标准,用来推进 Ajax 技术的推广与发展。

5.5.3 JQuery 中的 load( )方法

在传统的 JavaScript 中,使用 XMLHttpRequest 对象异步加载数据;而在 JQuery 中,使用 load( )方法可以轻松实现获取异步数据的功能。其调用的语法格式为:

```
load(url, [data], [callback])
```

其中,参数 url 为被加载的页面地址,可选项[data]参数表示发送到服务器的数据,其格式为 key/value。另一个可选项[callback]参数表示加载成功后,返回至加载页的回调函数。举例说明:

```
<!DOCTYPE html>
<html>
<head>
    <script src="/jquery/jquery-1.11.1.min.js">
    </script>
    <script>
```

```
            $(document).ready(function(){
                $("#btn1").click(function(){
                    $('#test').load('/example/jquery/demo_test.txt');
                })
            })
        </script>
</head>
<body>
        <h3 id="test">点击按钮,改变文本。</h3>
        <button id="btn1" type="button">获得外部的内容</button>
</body>
</html>
```

执行效果如图 5.23 所示。

当用户点击时,效果如图 5.24 所示。

点击按钮，改变这段文本。

获得内容

图 5.23

jQuery and AJAX is FUN!!!

This is some text in a paragraph.

获得内容

图 5.24

5.5.4　全局函数 getScript()

在 JQuery 中,除通过全局函数 getJSON 获取.json 格式的文件内容外,还可以通过另外一个全局函数 getScript()获取.js 文件的内容。其实,在页面中获取.js 文件的内容有很多方法,如下列代码:

```
<script src="***.js"></script>
```

动态设置的代码如下:

```
$("<script src='***.js'/>").appendTo("head")
```

但这样的调用方法并不是最理想的。在 JQuery 中,通过全局函数 getScript()加载.js 文件后,不仅可以像加载页面片段一样轻松地注入脚本,而且所注入的脚本自动执行,大大提高了页面的执行效率。函数 getScript()的调用格式如下:

```
$.getScript(url,[callback])
```

参数 url 为等待加载的 js 文件地址,可选项[callback]参数表示加载成功时执行的回调函数。

5.5.5 $. get( )方法和 $. post( )方法

load( )方法通常用来从 Web 服务器上获取表态的数据文件,然而这并不能体现 Ajax 的全部价值。如果需要传递一些参数给服务器中的页面,那么可以使用 $. get( )方法或者 $. post( )方法(或者是后面要讲解的 $. ajax( )方法)。

GET 方法基本上用于从服务器获得(取回)数据。注意:GET 方法可能返回缓存数据。$. get( )方法通过 HTTP GET 从服务器上请求数据。格式如下:

```
$. get( URL,callback);
```

举例说明:

```
<! DOCTYPE html >
<html >
    <head >
        <script src = "/jquery/jquery-1. 11. 1. min. js" > </script >
        <script >
            $( document). ready( function( ) {
                $( "button" ). click( function( ) {
                    $. get( "/example/jquery/demo_test. asp" , function( data, status) {
                        alert( "数据:" + data + " \n 状态:" + status);
                    });
                });
            });
        </script >
</head >
    <body >
        <button >发送 GET 请求,获得结果 </button >
    </body >
</html >
```

执行效果如图 5. 25 所示。

发送GET请求，获得结果

图 5. 25　运行结果

当用户点击按钮时,运行效果如图5.26所示。

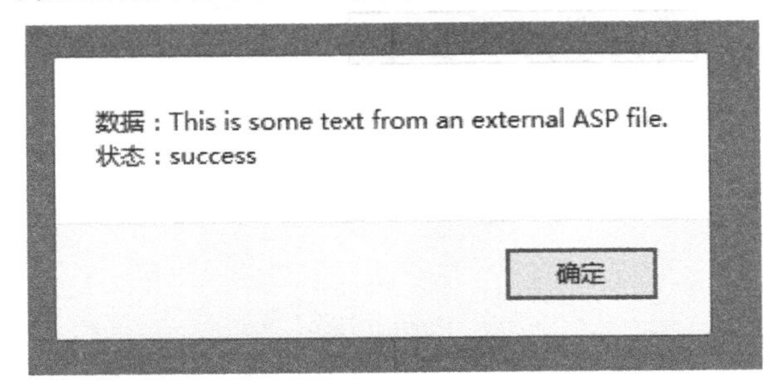

图5.26 用户点击结果

POST方法用于向指定的资源提交要处理的数据,也可用于从服务器获取数据。不过,POST方法不会缓存数据,并且常用于连同请求一起发送数据。$.post()方法通过HTTP POST从服务器上请求数据。格式如下:

```
$.post(URL,data,callback);
<!DOCTYPE html>
<html>
    <head>
        <script src="/jquery/jquery-1.11.1.min.js">
        </script>
        <script>
            $(document).ready(function(){
                $("button").click(function(){
                    $.post("/example/jquery/demo_test_post.asp",{
                        name:"Donald Duck",
                        city:"Duckburg"
                    },
                    function(data, status){
                        alert("数据:"+data+"\n状态:"+status);
                    });
                });
            });
        </script>
    </head>
    <body>
        <button>发送 POST 请求,获得结果</button>
    </body>
</html>
```

执行效果如图5.27所示。

发送POST请求，获得结果

图 5.27　运行结果

当用户点击按钮时,运行效果如图 5.28 所示。

数据：Dear Donald Duck. Hope you live well in Duckburg.
状态：success
确定

图 5.28　用户点击结果

5.5.6　$.ajax()方法

$.ajax()方法是 JQuery 最底层的 Ajax 实现。它的结构为:

```
$.ajax(options)
```

该方法只有一个参数,但在这个对象里包含了 $.ajax()方法所需要的请求设置以及回调函数等信息。参数以 key/value 的形式存在,所有参数都是可选的,常用参数见表 5.15。

表 5.15　$.ajax()方法常用参数解释

参数名称	类　型	说　明
url	String	(默认为当前页地址)发送请求的地址
type	String	请求方式(POST 或 GET)默认为 GET。注意其他 HTTP 请求方法,例如 PUT 和 DELETE 也可以使用,但仅部分浏览器支持
timeout	Number	设置请求超时时间(毫秒),此设置将覆盖 $.ajaxSetup()方法的全局设置
data	Object 或 String	发送到服务器的数据。如果已经不是字符串,将自动转换成字符串格式。GET 请求将附加在 URL 后。防止这种自动转换,可以查看 processData 选项。对象必须为 key/value 格式,例如{foo1:"bar1",f002:"bar2"}转换为 &foo1 = bar1&foo2 = bar2。如果是数组,JQuery 将自动为不同值对应同一个名称,例如{foo["bar1","bar2"]}转换为 &foo = bar1&foo = bar2

续表

参数名称	类　型	说　明
dataType	String	预期服务器返回的数据类型。如果不指定,JQuery 将自动根据 HTTP 包 MIME 信息返回 responseXML 或 responseText,并作为回调函数参数传递 xml:返回 XML 文档,可用 JQuery 处理 Html:返回纯文本 HTML 信息;包含的 Script 标签会在插入 DOM 时执行 Script:返回纯文本 JavaScript 代码。不会自动缓存结果。除非设置了 cache 参数。注意在远程请求时(不在同一域下),所有 POST 请求都转换为 CET 请求 Json:返回 JSON 数据 Jaonp:JSONP 格式。使用 SONP 形式调用函数时,例如 myurl? callback = ?, JQuery 将自动替换后一个"?"为正确的函数名,以执行回调函数 text:返回纯文本字符串
beforeSend	Function	发送请求前可以修改 XMLHTTPRequest 对象的函数,例如添加自定义的 HTTP 头。在 beforeSend 中如果返回 false 可以取消本次 Ajax 请求。XMLHttpRequest 对象是唯一的参数。function(XMLHttpRequest){this;//调用本次 Ajax 请求时传递的 options 参数
complete	Function	请求完后调用的回调函数(请求成功或失败时均调用)。参数:XMLHttp-Reauest 对象和一个描述成功请求类型的字符串。function(XMLHttpRequest){this;//调用本次 Ajax 请求时传递的 options 参数

success	Function	请求成功后调用的回调函数,有两个参数
		(1)由服务器返回,并根据 dataType 参数进行处理后的数据
		(2)描述状态的字符串　Function(data,textStatus){
		//data 可能是 xmlDoc、jsonObj、html、text 等　this;//调用本次 Ajax 请求时传递的 options 参数}
		}

Error	Function	请求失败后调用的回调函数,该函数有 3 个参数,即 XMLHttpReauest 对象、错误信息、捕获的错误对象(可选)
		Ajax 事件函数如下:
		Function(XMLHttpReauest,textStatus,errorThrown){
		//通常情况下 textStatus 和 errorThrown 只有其中一个包含信息
		this;//调用本次 Ajax 请求时传递的 options 参数
		}

Global	Boolean	默认为 true,表示是否触发全局 Ajax 事件。设置为 False 将不会触发全局 Ajax 事件,AjaxStart 或 AjaxStop 可用于控制各种 Ajax 事件

如果需要使用 $. ajax()方法来进行 Ajax 开发,那么上面这些常用的参数都必须了解。此外,$. ajax()方法还有其他参数,读者可以参考附录 D 的具体介绍。

前面用到的 $. load()、$. get()、$. post()、$. getScript()和 $. getJson()这些方法,都是基于 $. ajax()方法构建的,$. ajax()方法是 JQuery 最底层的 Ajax 实现,因此可以用它来代替前面的所有方法。

例如,可以用下面的 JQuery 代码代替 $. getScript( ) 方法:

```
$(function(){
        $('#send').click(function(){
            $.ajax({
              type: "GET",
              url: "test.js",
              dataType: "script"
            });
        });
})
```

再例如,可以用以下的 JQuery 代码代替 $. getJSON( ) 方法:

```
  $(function(){
    $('#send').click(function(){
        $.ajax({
          type: "GET",
          url: "test.json",
          dataType: "json",
          success : function(data){
                $('#resText').empty();
                var html = '';
                $.each( data , function(commentIndex, comment) {
    html += '<div class="comment"><h6>'+comment['username']+':</h6><p
class="para">'+comment['content']+'</p></div>';
                })
                $('#resText').html(html);
          }
        });
    });
  })
```

(1) serialize( ) **方法**

表单经常用来提供数据,例如注册、登录等。常规的方法是使表单提交到另一个页面,整个浏览器都会被刷新,而用 Ajax 技术则能够异步提交表单,并将服务器返回的数据显示在当前页面中。

前面在讲解 $. get( ) 和 $. post( ) 方法的时候,表单的 HTML 代码如下:

```
<form id="form1">
<p>评论:</p>
```

```
    <p>姓名: <input type="text" name="username" id="username" /></p>
    <p>内容: <textarea name="content" id="content" ></textarea></p>
          <p><input type="button" id="send" value="提交" /></p>
</form>
```

为了获取姓名和内容,必须将字段的值逐个增加到 data 参数中,代码如下:

```
$("#send").click(function(){
    $.get("get1. ashx ",{
        username: $("#username").val(),
        content: $("#content").val()
    },function(data,textStatus){
         $("#resText").html(data);
    })
})
```

在只有少量字段的表单中,这种方式勉强还可以使用,但如果表单元素越来越复杂,使用这种方式在增大工作量的同时也使表单缺乏弹性。JQuery 为这一常用的操作提供了一个简化的方法——serialize()。与 JQuery 中其他方法一样,serialize()方法也是作用于一个 JQuery 对象,它能够将 DOM 元素内容序列化为字符串,用于 Ajax 请求。通过使用 serlialize()方法,可以把刚才的 JQuery 代码改为如下:

```
$("#send").click(function(){
    $.get("get1. ashx ", $("#form1").serialize(),function  (data,textStatus){
    $("#resText").html(data);
});
});
```

当单击“提交”按钮后,也能达到同样的效果,如图 5.29 所示。

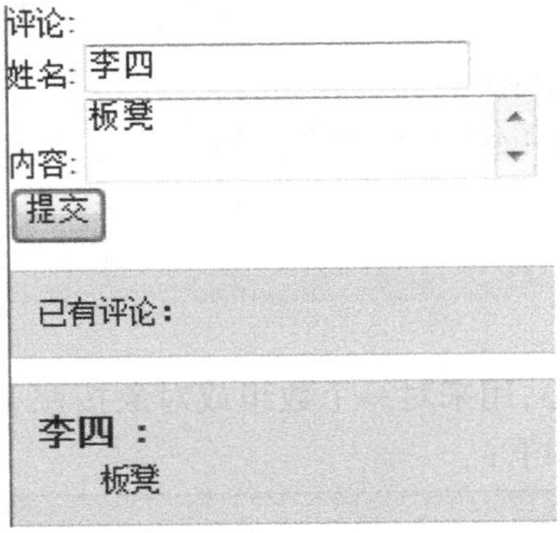

图 5.29　使用 serialize()方法

即使在表单中再增加字段,脚本仍然能够使用,并且不需要做其他多余工作。

需要注意的是，$.get()方法中 data 参数不仅可以使用映射方式，如以下 JQuery 代码：

```
{
    username: $("#username").val(),
    content: $("#content").val()
}
```

也可以使用字符串方式，如以下 JQuery 代码：

```
"username=" + encondeURIComponent($("#username").val()) +
"&content=" + encondeURIComponent($("#content").val())
```

用字符串方式时，需要注意对字符编码(中文问题)，如果不希望编码带来麻烦，可以使用 serialize()方法，它会自动编码。

因为 serialize()方法用于 JQuery 对象，所以不只表单能使用它，其他选择器选取的元素也都能使用它，如以下 JQuery 代码：

```
$(":checkbox,:radio").serialize();
```

把复选框和单选框的值序列化为字符串形式，只会将选中的值序列化。

(2) serializeArray()方法

在 JQuery 中还有一个与 serialize()类似的方法——serializeArray()，该方法不是返回字符串，而是将 DOM 元素序列化后，返回 JSON 格式的数据。

JQuery 代码如下：

```
var fields = $(":checkbox,:radio").serializeArray();
console.log(fields);
```

通过 console.log()方法输出 fields 对象，然后在 Firebug 中查看该对象。既然是一个对象，那么就可以使用 $.each()函数对数据进行迭代输出，代码如下：

```
$(function(){
    var fields = $(":checkbox,:radio").serializeArray();
    console.log(fields);
     $.each(fields,function(i,field){
        $("#results").append(field.value + ",");
})
})
```

(3) $.param()方法

它是 serialize()方法的核心，用来对一个数组或对象按照 key/value 进行序列化。比如将一个普通的对象序列化，代码如下：

```
var obj = (a:1,b:2,c:3);
var k = $.param(obj);
alert(k);
```

5.5.7　JQuery 中的 Ajax 全局事件

JQuery 简化 Ajax 操作不仅体现在调用 Ajax 方法和处理响应方面，而且还体现在对调用 Ajax 方法的过程中的 HTTP 请求的控制。JQuery 提供了一些自定义全局函数，能够为各种与 Ajax 相关的事件注册回调函数。例如当 Ajax 请求开始时，会触发 ajaxStart( )方法的回调函数；当 Ajax 请求结束时，会触发 ajaxStop( )方法的回调函数。这些方法都是全局的方法，因此无论创建它们的代码位于何处，只要有 Ajax 请求发生时，就会触发它们。在前面例子中，远程读取 Flickr. com 网站的图片速度可能会比较慢，如果在加载的过程中不给用户提供一些提示和反馈信息，很容易让用户误认为按钮单击无用，使用户失去信心。

此时，就需要为网页添加一个提示信息，常用的提示信息是“加载中…”，代码如下：

```
<div id = "loading" >加载中… </div >
```

然后用 CSS 控制元素隐藏，当 Ajax 请求开始的时候，将此元素显示，用来提示用户 Ajax 请求正在进行。当 Ajax 请求结束后，将此元素隐藏，代码如下：

```
$("#loading").ajaxStart(function(){
    $(this).show();
});
$("#loading").ajaxStop(function(){
    $(this).hide();
});
```

这样一来，在 Ajax 请求过程中，只要图片还未加载完毕，就会一直显示“加载中…”的提示信息，效果如图 5.30 所示。

如果在此页面中的其他地方也使用 Ajax，该提示信息仍然有效，因为它是全局的，如图 5.31所示。

图 5.30　显示“加载中…”的提示信息

图 5.31　demo2 也使用同一个提示信息

JQuery 的 Ajax 全局事件中还有几个方法，也可以在使用 Ajax 方法的过程中为其带来方便，见表 5.16。

表 5.16　另外几个方法

方法名称	说　明
ajaxComplete(callback)	Ajax 请求完成时执行的函数
ajaxError(callback)	Ajax 请求发生错误时执行的函数，捕捉到的错误可以作为最后一个参数传递
ajaxSend(callback)	Ajax 请求发送前执行的函数
ajxaSuccess(callback)	Ajax 请求成功时执行的函数

注意：如果想使某个 Ajax 请求不受全局方法的影响，那么可以在使用 $.ajax(options) 方法时，将参数中的 globle 设置为 false，JQuery 代码如下：

```
$.ajax({
url:"loadtest.htm",
globle:false//不触发全局 Ajax 事件
})
```

参考文献

[1] 李东博. HTML5 + CSS3 从入门到精通[M]. 北京:清华大学出版社,2013.

[2] 埃里克·弗里曼. HTML5 权威指南[M]. 谢延晟,牛化成,刘美英,译. 北京:人民邮电出版社,2014.

[3] 伊丽莎白·罗布森. Head First HTML 与 CSS[M]. 徐阳,丁小峰,译. 北京:中国电力出版社,2013.

[4] 朱莉·梅洛尼. HTML、CSS 和 JavaScript 入门经典[M]. 陈宗斌,译. 北京:人民邮电出版社,2015.